全新改訂版

初學鉤針編織最強聖典

95 款針法記號 ×**50** 個實戰技巧 ×**22** 枚實作練習全收錄
一次解決初學鉤織的入門難題！

日本 VOGUE 社◎編著

本單元介紹了只要應用基本針法，
就能完成的各種針目織法。
了解針目記號的變化與織法規則，
織品種類就會一口氣大幅提升。
沒辦法一次就學會所有針目也沒關係。
此部分的針目都是基本針目的變化應用，
多織幾次自然就會習得記號的規則。

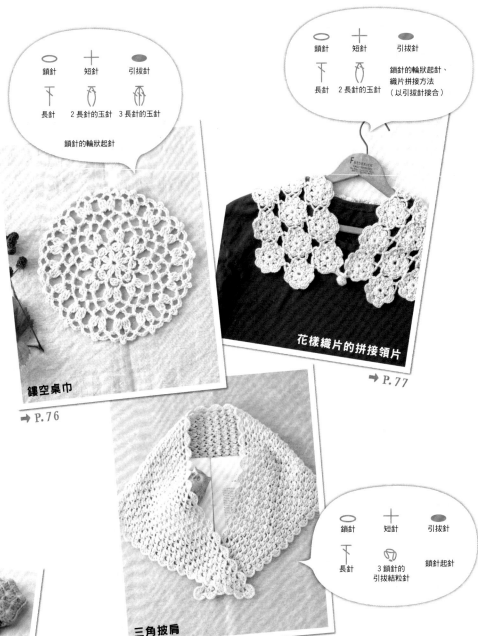

○ 鎖針　＋ 短針　⬭ 引拔針

⊤ 長針　⬬ 2長針的玉針　⬙ 3長針的玉針

鎖針的輪狀起針

○ 鎖針　＋ 短針　⬭ 引拔針

⊤ 長針　⬬ 2長針的玉針　鎖針的輪狀起針、
織片拼接方法
（以引拔針接合）

鏤空桌巾
→ P.76

花樣織片的拼接領片
→ P.77

三角披肩
→ P.80

○ 鎖針　＋ 短針　⬭ 引拔針

⊤ 長針　⊗ 3鎖針的
引拔結粒針　鎖針起針

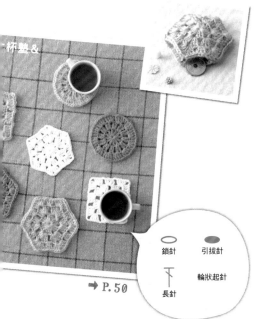

○ 鎖針　⬭ 引拔針

⊤ 長針　輪狀起針

→ P.50

介紹較少會出現的各種鉤織針法，
只要大略看過了解重點就OK！
如果作品織圖出現了不熟悉的記號，
請立即參閱此單元吧！

本書示範作品 & 使用針法

鉤針編織的作品都是由各式針目與技巧組合而成。
只要循序漸進地逐步學習，就能掌握鉤針編織的基礎。
現在就來看看，適合各個階段製作的作品一覽表吧！
基本針法的Step1亦有練習作品，初學者請以此為起點開始！

STEP 1

首先，學會鉤針編織的基本針法「鎖針」、「短針」、「長針」，
再加上「中長針」與「引拔針」。
以鎖針起針，再來回鉤織進行往復編，就能鉤織成平坦的四角形。

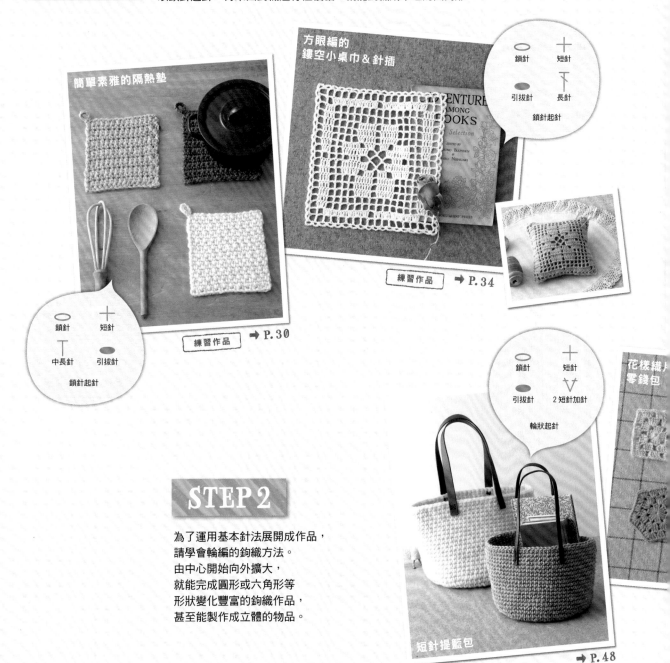

簡單素雅的隔熱墊

方眼編的
鏤空小桌巾 & 針插

鎖針　　短針
引拔針　　長針
鎖針起針

練習作品　➡ P.34

鎖針　　短針
中長針　　引拔針
鎖針起針

練習作品　➡ P.30

STEP 2

為了運用基本針法展開成作品，
請學會輪編的鉤織方法。
由中心開始向外擴大，
就能完成圓形或六角形等
形狀變化豐富的鉤織作品，
甚至能製作成立體的物品。

鎖針　　短針
引拔針　　2短針加針
輪狀起針

花樣織片
零錢包

短針提籃包

➡ P.48

一邊織一邊看！便利索引
鉤針編織針目記號速查一覽表

記號	針目名稱	頁碼
基本針法	鎖針	18
	短針	20
	長針	22
	中長針	24
	引拔針	25
加針·織入複數針目	2短針加針	53
	3短針加針	53
	2短針加針（中間鉤1鎖針）	53
	2長針加針（挑針鉤織）	54
	2長針加針（挑束鉤織）	54
	2長針加針（中間鉤1鎖針·挑針鉤織）	55
	2長針加針（中間鉤1鎖針·挑束鉤織）	55
	3長針加針（挑針鉤織）	56
	3長針加針（挑束鉤織）	56
	2中長針加針（挑針鉤織）	58
	2中長針加針（挑束鉤織）	58
	3中長針加針（挑針鉤織）	59
	3中長針加針（挑束鉤織）	59
	5長針加針（挑針鉤織）	60
	5長針加針（挑束鉤織）	60
	4長針加針（中間鉤1鎖針·挑針鉤織）	61
	4長針加針（中間鉤1鎖針·挑束鉤織）	61

記號	針目名稱	頁碼
減針·合併複數針目	2短針併針	62
	3短針併針	62
	2短針併針（跳過中央針目）	62
	2長針併針	63
	3長針併針	63
	2中長針併針	64
	3中長針併針	64
	4長針併針	65
	5長針併針	65
玉針	3長針的玉針（挑針鉤織）	68
	3長針的玉針（挑束鉤織）	68
	3中長針的玉針（挑針鉤織）	69
	3中長針的玉針（挑束鉤織）	69
	3中長針的變形玉針（挑針鉤織）	70
	3中長針的變形玉針（挑束鉤織）	70
	2長針的玉針	71
	2中長針的玉針	71
	2中長針的變形玉針	71
	5長針的玉針（挑針鉤織）	72
	5長針的玉針（挑束鉤織）	72
結粒針	3鎖針的結粒針	74
	3鎖針的短針結粒針	74
	3鎖針的引拔結粒針（在短針上鉤織）	75
	3鎖針的引拔結粒針（在長針上鉤織）	75
	3鎖針的引拔結粒針（在鎖針上鉤織）	75

便利索引使用方法

本書特地將針法記號一覽表設計成拉頁，參閱作品織法作業時，即可方便地攤開在外，運用索引查詢。鉤織其他書籍的織品時，也請將本書放在隨手可得之處，一定會有所幫助。

鎖針　短針

引拔針　長針

輪狀起針・
花樣織片的接合方法
（半針目的捲針縫）

花樣織片拼接的
膝上毯

→ P.139

釦式圍脖

→ P.114

→ P.115

鎖針　短針

長針　2長針的玉針

鎖針起針

→ P.142

玉針貝蕾帽&織花別針

引拔針

加針　3長針加針
　　　鎖針）

縫併縫・鎖針綴縫

長版背心

→ P.141

鎖針　短針　引拔針

3中長針的　2短針加針　裡引短針
玉針

輪狀起針

STEP 5

介紹花樣織片的拼接、織入圖案、織入串珠、綴縫‧併縫等方法，
本單元彙整了可以盡情享受鉤織樂趣的各式技巧。
出現「這時候該怎麼辦？」的情況時，請參閱此單元的相關介紹吧！

織入圖案的手提包

➡ P. 113

串珠鉤織口金包

○ 鎖針　　十 短針　　● 引拔針
土 短針筋編　V 2 短針加針　2 短針併針
輪狀起針 ‧ 串珠的織入方法

○ 鎖針　　十 短針　　● 引拔針
土 短針筋編　V 2 短針加針
輪狀起針 ‧
串珠的織入方法

○ 鎖針　　十 短針　　● 引拔針
土 短針筋編　V 2 短針加針
鎖針起針 ‧
短針的織入圖案

串珠球項鍊

➡ P. 113

腕套

➡ P. 140

○ 鎖針　十 短針　● 引拔針　T 長針　　3 鎖針的
引拔結粒針
3 長針的玉針　交叉長針　表引長針　　鎖針起針

襪套

➡ P. 140

○ 鎖針　十 短針
T 長針　V 2 長針
（中間鉤 1
鎖針起針 ‧ 捲針

‖ Contents ‖

盡情享受鉤針編織的樂趣

本書為 2013 年發行的
《初學鉤針編織の最強聖典！》
增添新作品與技巧後，
重新修訂的全新改訂版。

Staff 日文原書團隊

作品設計 遠藤ひろみ　おのゆうこ(ucono)　しずく堂　鈴木敬子(pear)
　　　　　釣谷京子(buono buono)　夢野彩
攝　影 白井由香里　落合里美(P.15、76)　川村真麻(織片)
造　型 西森萌　前田かおり
書籍設計 concent(遠藤紅　小林美子　上原あさみ)
製　圖 大楽里美　八文字則子
步驟協力 木下直子　望月美和
編輯協力 曾我圭子　栗原千江子　藤村啓子　舘野加代子　大前かおり
編　輯 谷山亜紀子
攝影協力 AWABEES、UTUWA

素材・用具提供
CLOVER株式會社
〒537-0025　大阪市東成區中道3-15-5
http://www.clover.co.jp

株式會社DAIDOH INTERNATIONAL　PUPPY事業部
〒101-8619　東京都千代田區外神田3-1-16　DAIDOH LIMITED大樓3F
http://www.puppyarn.com

HAMANAKA株式會社／HAMANAKA株式會社　Rich More營業部
京都本社　〒616-8585　京都市右京區花園薮ノ下町2-3
東京分社　〒103-0007　東京都中央區日本橋浜町1-11-10
http://www.hamanaka.co.jp

MARCHENART株式會社
〒130-0015　東京都墨田區橫網2-10-9
http://www.marchen-art.co.jp

橫田株式會社（DARUMA手織線）
〒541-0059　大阪市中央區博勞町3-2-8　岩田東急大樓2F
http://www.daruma-ito.co.jp

OLYMPUS製絲株式會社
〒461-0018　名古屋市東區主稅町4-92
http://www.olympus-thread.com

STEP 1
鉤針編織的基本知識

什麼是鉤針？鉤織前該準備哪些東西？

從這些最基礎的部分開始，到「鎖針」、「短針」、「長針」、

「中長針」、「引拔針」等基本針法的詳盡解說。

初學鉤針編織的人，就從這裡開始起步吧！

單元中收錄了超充實的鉤針編織基本知識與技巧，

彙整的要點也十分值得已經學會鉤織的人參考。

請務必當作複習的教材再看一次吧！

開始鉤織前　準備篇

關於鉤針

鉤針為針尖呈鉤狀，並且以該處掛線鉤出，製作針目的編織工具。

鉤針以針尖中軸的直徑大小區分型號，鉤織時需配合線材粗細，使用適當號數的鉤針。由基準的0號（蕾絲鉤針）開始，依序為00號、000號……數字越大鉤針越粗，針號表記方式為2/0號、3/0號。比10/0號還粗則以mm為單位標示，稱為巨大鉤針。

比2/0號細的一般稱為「蕾絲鉤針」，使用方式與織法皆相同。

鉤針材質有金屬、塑膠、竹製等，形式則有僅單邊呈鉤狀的「單頭鉤針」，兩頭皆有不同號數鉤針的「雙頭鉤針」，具有握柄的筆型鉤針等，各式各樣的種類可依個人喜好選用。握柄部分特別根據人體工學設計的鉤針，好拿也不容易累，特別推薦初學者使用。

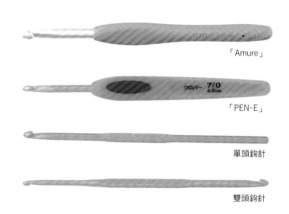

「Amure」

「PEN-E」

單頭鉤針

雙頭鉤針

鉤針實物原寸 ※（ ）為中軸直徑

2/0號（2.0mm）

3/0號（2.3mm）

4/0號（2.5mm）

5/0號（3.0mm）

6/0號（3.5mm）

7/0號（4.0mm）

7.5/0號（4.5mm）

8/0號（5.0mm）

9/0號（5.5mm）

10/0號（6.0mm）

巨大鉤針 ※ 實物原寸的 80%

7mm

8mm

10mm

12mm

15mm

20mm

7mm（Amure）

8mm（Amure）

10mm（Amure）

蕾絲鉤針

這種細小的鉤針稱為「蕾絲鉤針」。「蕾絲鉤織」的鉤針用法與織法皆與一般「鉤針編織」相同。由0號開始，數字越大鉤針越細。

「Amure」

「PEN-E」

金屬製蕾絲鉤針

蕾絲鉤針實物原寸
※（　）為中軸直徑

	0號 （1.75mm）
	2號 （1.50mm）
	4號 （1.25mm）
	6號 （1.00mm）
	8號 （0.90mm）
	10號 （0.75mm）
	12號 （0.60mm）
	14號 （0.50mm）

其他工具

處理線頭的毛線針、剪線用剪刀皆為必須品。
其他工具則視需要準備吧！

市面上亦有便利的套組

毛線針
毛線針較布作縫針更粗，且針尖圓潤不容易鉤到針目。必須配合織線粗細選用。此外還有針尖稍微彎曲，更易於挑線的款式。

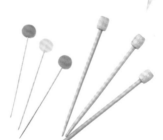

剪刀
建議使用前端尖細又銳利的手工藝用剪刀。

捲尺
確認鉤織尺寸的工具。

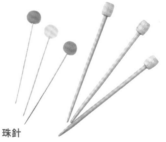

整燙固定針
完成作品，進行最後的整燙作業時，固定織片之用。末端彎曲的叉子狀夾具不會干擾整燙作業，可以順利進行。亦可使用細尖的長珠針。

珠針
編織用珠針的針腳較長，針尖也較為圓潤。使用於固定織片等狀況。

段數記號 ‧ 別針式記號圈
可掛在針目上作為標示。

穿線器
協助毛線針穿線的便利工具。

毛線針的穿線方法　由於毛線較粗，即使針孔再大也不容易穿線……但這其實是有訣竅的。

1 如圖示將毛線針置於毛線的對摺處。

2 收緊摺山，並以滑出的毛線針加壓。

3 將盡量壓扁的摺山靠近針孔，穿入。

4 將穿過針孔的毛線拉出。

關於織線

織線素材有毛線、Cotton（棉）、Linen（麻）等，各式各樣的種類。
線的形狀也變化多端，除直線紗之外，還有花呢線、毛海、竹節紗、粗紡紗（撚製程度低的織線）、圈圈紗等類型。
質感也各不相同，請試著找出喜愛的織線吧！
適合鉤織的線材，是光滑不容易卡線勾紗的類型。建議初學者使用容易看清針目的直線型織線。相對的，具有花呢（結粒或裝飾）之類容易導致鉤線，或容易裂開、會起毛卡住、針目不容易辨識的織線，鉤織難度就比較高。
織線依粗細分為極細、合細、中細、合太、並太……等規格。但近年陸續推出了許多花式紗線，線材也會因廠牌不同而有細微的粗細差異，使得分類上更加困難。初學者適合使用5/0至6/0號的鉤針與並太程度的織線，鉤織起來會比較輕鬆簡單。

線的粗細（直線紗／實物原寸）

極細（4〜0號　取2條線 2/0號至3/0號）

合細（0〜3/0號　取2條線 3/0號至5/0號）

中細（2/0〜4/0號）

合太（3/0〜5/0號）

並太（5/0〜6/0號）

極太（6/0〜8/0號）

超極太（8/0〜10/0號）

線的種類（實物原寸）

毛海

圈圈紗

竹節紗

絨線

鉤針＆織線適用對照表（大致基）[1]

鉤針號數				
2/0	極細[2]			
	合細			
3/0				
		中細		
4/0			合太	
5/0				
			並太	
6/0				
7/0				
7.5/0				極太
8/0				
10/0				超極太
7mm〜				

※1 可能出現不適配的情形。　※2 極細為取2條線使用。

① リッチモア スペクトルモデム
② COL 3 LOT. C

4977444977037

③ 品質　毛100%
標準狀態重量40g玉卷（約80m） ④
⑤ 標準ゲージ 18目23段
參考使用針　棒針8〜10号 ⑥
使用針 ハマナカアミアミ手あみ針
お取り扱い方法
⑦

標籤說明　市售織線上都會套著標籤，上面記載了關於線材的各種資訊。
使用織線時，請務必留下一張標籤。

①線材名稱

②色號＆批號……即使色號相同，織線還是可能因染製批號不同而出現些許色差，購買織線時請留意這一點。

③織線材質＆成分

④一個線球的重量＆長度……從織線重量與長度的關係，就能大致了解該織線的長度。從這方面去判斷，比「並太」等標示更可靠（相同重量時，織線越細，長度越長）。

⑤標準密度……鉤織10cm正方形織片時織入的標準針數與段數，可以作為與其他線材比較時的大概標準。未特別標示時，就是以平面針（棒針編織）編織的情況。

⑥適用針號……選用針號只是參考，編織針目會因個人力道輕重而異，不必完全遵照標示也無妨。

⑦洗滌＆整燙等注意事項……標示符號與一般服飾相同，以洗燙處理標示註明。

線與針的關係

即使以相同的織圖鈎織，只要改換不同粗細的線與針，作品尺寸就會隨之變化。
依據線材質感，織品呈現出來的感覺也截然不同。

並太（5/0號）

中細毛海（4/0號）

中細（2/0號）

極太（6/0號）

合細（蕾絲針0號）

極細（蕾絲針4號）

Soapwort (Saponaria officinalis)　　　scale 2/5

合太（3/0號）

超極太（8/0號）

開始鉤織吧！

輕鬆愉快地開始吧！

取線方式

由線球中心找出線頭，拉出織線使用。雖然外側也有線頭，但是若從外側開始使用，線球容易四處滾動而不方便鉤織，織線也會產生不自然的扭絞。

甜甜圈線球

捲繞成甜甜圈狀的織線，取下穿過線球中心的標籤後，同樣是從線球中心抽出織線使用。標籤也暫時保留別丟棄（參照 P.14）。

捲在硬芯上的織線

捲在硬芯上的織線是由外側開始使用。只要放入塑膠袋裡，就能避免弄髒，也能防止線球四處滾動。

拉出一團織線時該怎麼辦？

1 即使拉出一團織線也沒關係。若是找不到線頭，不妨直接拉出一小團織線吧！

2 從拉出的線團中找出線頭，接著將織線呈「8字形」纏繞在拇指與食指上。

3 纏到一定程度後，取下拇指上的織線，套到食指上。

4 小心維持線圈的完整，從手指上取下織線。

5 從線圈中稍稍拉出一段線頭，接著以線圈為基底，將剩下的織線捲上去。

6 由纏繞的小線球中心拉出線頭使用。

掛線方式（左手）

1 織線從左手手背拉向掌心側，夾在小指與無名指之間。

2 如圖在食指上掛線，以拇指和中指捏住線頭。伸直食指繃緊織線，一邊調整織線鬆緊一邊鉤織。

細線或材質光滑的線

光滑柔軟難以繃緊的織線，先在小指上繞一圈固定，再於食指掛線，即可增加穩定度。

鉤針拿法（右手）

以右手的拇指和食指輕輕握住鉤針中軸，中指輕靠作為輔助。中指可以壓住掛在鉤針上的織線、支撐織片、輔助鉤針動作，一邊適度地活動一邊鉤織吧！持針時，針尖的鉤狀部位始終都要朝著下方。

左撇子的鉤針拿法（左手）

（左撇子請見 P.67 ！）

鉤織手勢

因為手指的動作與平常不同，剛開始鉤織時可能會覺得幾乎要抽筋。漸漸習慣後就可以輕鬆自然的操作了，請多加練習到能夠順暢地鉤織吧！

針目名稱

鉤針編織時常出現的名詞，請牢牢記住吧！

起針	鉤織起始的基底，以此部分為基礎開始鉤織。通常起針段不計入第1段。
立起針	作為織段起點的鎖針（參照P.27）。
針頭	針目頂端的V字形部分。形狀像鎖針。
針腳	針頭以外的部分。

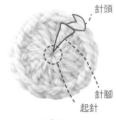

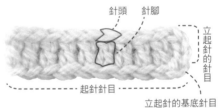

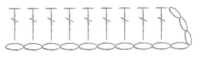

首先，學會基本針法吧！

必須學會的基本鉤織針法，首先有3個，然後再加上2個，總共5個。
學會這些基本針法後，接下來幾乎都是基本針法的應用。

鎖針 ⬭

鉤針編織最最基本的針法。亦可作為其他針目的起針（基底）。
連續鉤織後的針目看起來如同鎖鏈，因此稱為「鎖針」，
亦稱為「鎖針針目」、「鎖目」，或單稱為「鎖」。

1 線頭預留約10cm，鉤針置於織線外側，接著依箭頭方向往斜前方旋轉一圈，作出線圈掛在針上。

2 拇指與中指按住交叉處，鉤針如圖示，以針背推開織線般繞行，完成掛線。

3 以針尖鉤住織線，從掛在針上的線圈中鉤出織線。此時為平行移動，不可扭轉手部。

4 鉤出織線後的模樣。下拉線頭，收緊線圈，完成起針，此針目不計入針數。

5 鉤針靠在織線內側，以針背推開織線般動移動針尖掛線（在針上掛線時，通常都是以這種方式移動鉤針）。

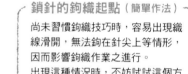

6 以針尖鉤住織線，從掛在針上的線圈中鉤出織線。

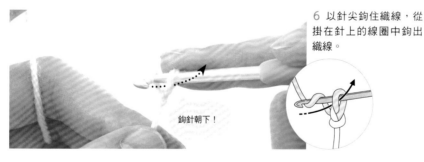

鉤針朝下！

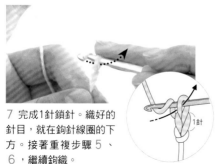

7 完成1針鎖針。織好的針目，就在鉤針線圈的下方。接著重複步驟 5、6，繼續鉤織。

8 鉤織3至4針後，一邊上移左手捏住的位置，一邊繼續鉤織針目。

鎖針的鉤織起點（簡單作法）

尚未習慣鉤織技巧時，容易出現織線滑開，無法鉤在針尖上等情形，因而影響鉤織作業之進行。
出現這種情況時，不妨試試這個方法。

1 交叉織線，以線頭作出線圈，由線圈中拉出線球側的織線。

2 直接拉出織線後，如圖示收緊繩結（形成線圈）。

線球側的織線要在鉤針前方！

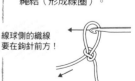

3 收緊線球側的織線，調整線圈大小後，穿入鉤針。完成同左側步驟4的針目（完成邊端針目的狀態）。

鎖針起針

「起針」為鉤織針目的基底。
使用鎖針以外的針法時，若沒有起針的基底就無法鉤織。

鎖針的正面＆背面

如下圖所示，鎖針背面的織線呈突出隆起狀，這個突出的部分稱為「裡山」。

為了易於辨識，
因此使用不同色線。

正面

鉤織起點　　　　　　　鉤織終點

背面

裡山

鎖針的各種挑針法

鉤織鎖針起針時，挑針的方法有三種。
因為各有特色，請記住其中的差異，作法未特別指定時，依喜好使用喜歡的方法即可。

1 挑鎖針裡山

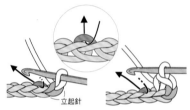

立起針

雖然挑針時比較困難，但因為是留下表面鎖狀針目的狀態，鉤織成品會很漂亮。同時也適合之後不鉤織緣編的作法。裡山看起來與表面的針目有點錯位，挑針時請注意不要弄錯位置。

2 挑鎖針半針＆裡山

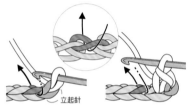

立起針

這個方法非常容易挑針，具有結實的穩定感，十分適合鏤空花樣，或是要跳過數針起針針目挑針，以及使用細線鉤織時的作法。因為是挑兩條線鉤織，所以起針位置會有一點厚度。

3 挑鎖針的半針

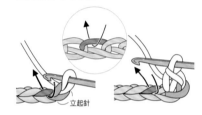

立起針

挑針處容易辨識，鉤織好的針目也十分整齊，適合想要讓挑針段具有伸縮性，或是需要從起針兩側分別挑針鉤織的方法。因為只挑不穩定的半針，所以織片容易因伸縮而產生縫隙。

鎖針的鬆緊程度

鎖針是所有針法的基礎，為了讓鉤織好的針目盡量整齊漂亮，建議多加練習吧！
請注意鉤織時的力道，別讓針目太鬆或太緊。

OK

太鬆

太緊

鎖針作為起針針目時，會被鉤織其上的針目拉扯，因此建議使用比織片編織針再粗一點的針號，鉤織出鬆一點的鎖針（以相同針號的鉤針鉤織，起針針目就會變得太緊）。加大的針號選擇，可以從需要在起針挑多少針目來判斷。使用編織針織得鬆一點也可以，但是要控制一樣鬆的程度比較困難，還是建議改變鉤針針號較佳。

起針使用鉤針的大概準則

織片花樣類型	起針的鉤針號數
短針・長針	大2號
方眼編	大1～2號
網狀編	相同～大1號
一般鏤空花樣	大1～2號

※編織作法中通常不會詳細記載起針使用的鉤針號數，請自行判斷更換鉤針吧！

十（×）短針

本社記號　JIS記號 ※

這是針目緊密紮實的鉤織針法，能夠完成硬挺結實的織片。
「立起針」（→ P.27）是鎖針1針，因為很小所以不計入針數中。

| 正面 | 背面 |

※短針的針目記號，JIS規格為「×」，本社則使用「＋」記號。為了讓鉤織時更簡單易懂，以「＋」的縱向線條表示織入針目的位置，以橫向線條表示針目與針目的連結。

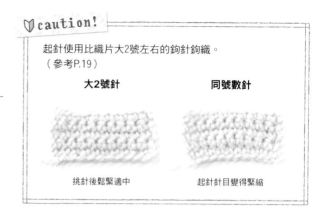

♥caution!

起針使用比織片大2號左右的鉤針鉤織。
（參考P.19）

大2號針　　**同號數針**

挑針後鬆緊適中　　起針針目變得緊縮

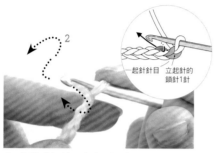

1　鉤織「起針＋立起針1針」份的鎖針，再將鉤針穿入起針的邊端針目（圖為挑裡山）。

2　以針背推開織線般移動針尖，掛線後鉤出織線。

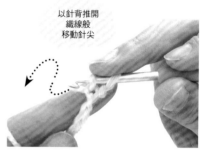

3　鉤出織線的模樣。再次依箭頭指示移動鉤針。

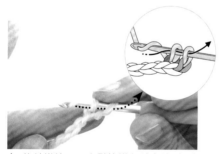

4　鉤針掛線，一次引拔掛在針上的2個線圈。

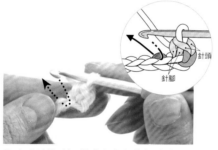

5　完成1針短針。接著在相鄰的起針針目挑針，重複步驟2～5繼續鉤織短針。

6　完成第一段。

7　接著，鉤針掛線後引拔，鉤織下一段立起針的鎖針。

8　鉤針維持現狀，將織片右端往外推，旋轉翻至背面。

＊鉤織下一段的立起針後才翻轉織片，這個方式會更容易鉤織，針目也不會過於鬆散。
（也有先翻轉織片才鉤織立起針的織法）

立起針的
鎖針1針

第2段 翻面後重新拿好織片，看著背面鉤織第 2 段。

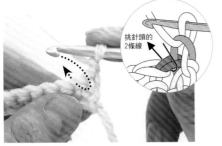

挑針頭的
2條線

9 挑前段右端的短針針頭2條線（俯瞰時的鎖狀針目）。

10 掛線鉤出。

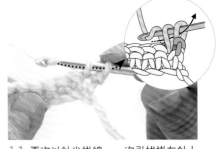

11 再次以針尖掛線，一次引拔掛在針上的2線圈。

12 完成1針短針。繼續以相同要領，在前段的針頭挑2條線鉤織。

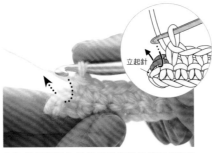

立起針

13 鉤織終點也是挑前段短針針頭的2條線鉤織。請注意不要挑到同樣位於下方的立起針！

14 完成第 2 段。

15 接著鉤織下一段立起針的鎖針1針，重複步驟8～12，以相同要領鉤織。

段的鉤織終點

請注意不要挑到立起針！
若是挑了針數就會增加。

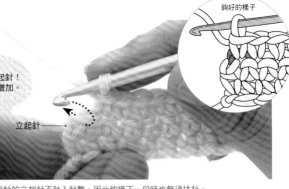

鉤好的樣子

立起針

16 段的鉤織終點同步驟13，挑前段短針針頭的2條線鉤織。

＊短針的立起針不計入針數，因此鉤織下一段時也無須挑針。

下 長針

一口氣鉤出短針三倍高度的針目，是經常使用的鉤織針法。
「立起針」（→ P.27）為鎖針3針，因而立起針也算作1針。

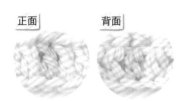

正面　　背面

♥caution!

起針使用比織片大2號左右的鉤針鉤織。（參考P.19）

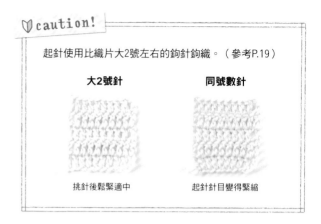

大2號針　　　　　同號數針

挑針後鬆緊適中　　起針針目變得緊縮

「立起針」會成為第1段的第1針（→P.27），因此長針是從起針的第2針挑針鉤織。

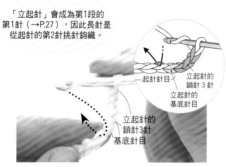

起針針目
立起針的鎖針3針
立起針的基底針目
立起針的鎖針3針基底針目

1 鉤織「起針＋立起針3針」份的鎖針，鉤針掛線後，再穿入起針邊端的第2針（圖為挑裡山）。

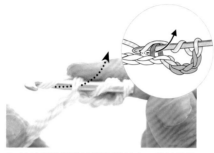

2 以針背推開織線般移動針尖，掛線後鉤出2針鎖針高的織線。

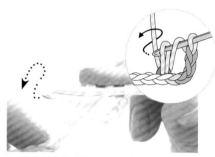

3 鉤出織線的模樣。再次依箭頭指示移動鉤針（以針背推開織線般移動針尖）。

1次

4 鉤針掛線，引拔掛在針上的前2個線圈。

5 引拔後的模樣。再次依箭頭指示操作鉤針。

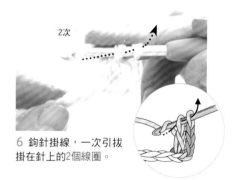

2次

6 鉤針掛線，一次引拔掛在針上的2個線圈。

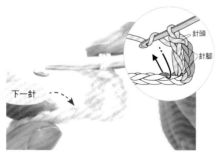

針頭
針腳
下一針

7 完成1針長針。因為立起針也計入1針（3鎖針為1長針的份量），因此這就算是完成第2針長針了。接著同樣鉤針先掛線，重複步驟1～6繼續鉤織。

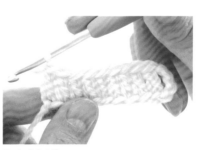

8 完成第1段。

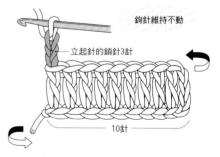

鉤針維持不動
立起針的鎖針3針
10針

9 接著鉤織下一段立起針的鎖針3針，再將織片右端往外推，旋轉翻至背面。

第2段 翻面後重新拿好織片，看著背面鉤織第2段。

注意不要
在這裡挑針！

10 鉤針掛線，穿入前段邊端第2針長針的針頭。

11 挑長針針頭的2條線（俯瞰時的鎖狀針目），掛線鉤出。

12 重複步驟3～6，鉤織長針。

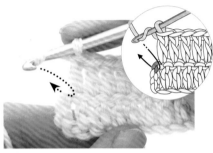

13 立起針計入1針，因而此時完成的是第2針長針。

14 第2段的鉤織終點，是挑前段立起針的第3針鎖針裡山與外側半針2條線（第1段立起針的鎖針朝著織片背面）。

15 完成第2段。

段的鉤織終點

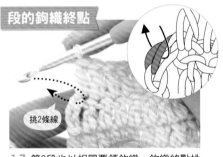

挑2條線

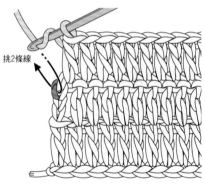

挑2條線

16 接著鉤織下一段立起針的鎖針3針，以步驟9的相同作法，將織片翻回正面。

17 第3段也以相同要領鉤織。鉤織終點挑前段立起針第3針鎖針的外側半針與裡山2條線（第2段起，立起針的鎖針朝著織片正面）。

♥ *caution!*

注意挑針位置！！

短針以外的針法，因為立起針算作1針，因此必須注意挑針的位置。尚未熟練時，請仔細確認每一段的針數是否正確，再繼續鉤織吧！

長針10針・5段的織片

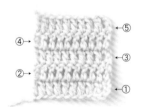

④ ②
⑤ ③ ①

增加針目的織片

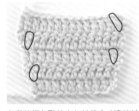

各段鉤織起點的立起針基底（邊端針目）也分別織入了長針！

減少針目的織片

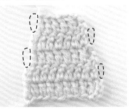

第2段之後的鉤織終點，都忘記挑前段立起針的針目！

⊤ 中長針

這是高度介於短針與長針之間的針目。
因為鉤織中途沒有引拔，因此是容易展現線材鬆軟感的針法。
相對的，比起短針和長針也是較不穩定的針目，因此大多作為輔助性針法使用。
「立起針」（→ P.27）為鎖針2針，立起針也算作1針。

正面　　　背面

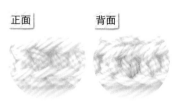

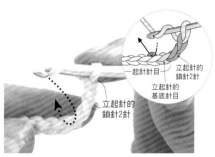

1 鉤織「起針＋立起針2針」份的鎖針，鉤針掛線後，穿入起針邊端的第2針（此為挑裡山）。

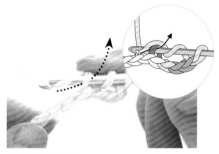

2 鉤針掛線鉤出。

3 鉤出織線的模樣。再次依箭頭指示移動鉤針（以針背推開織線般移動針尖）。

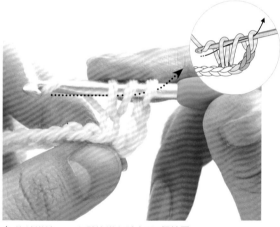

4 鉤針掛線，一次引拔掛在針上的2個線圈。

5 這就算是完成第2針中長針了。接著同樣鉤針先掛線，重複步驟1～4繼續鉤織。

6 完成第1段。

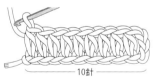

──10針──

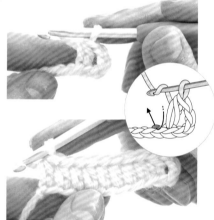

7 接著鉤織下一段立起針的鎖針2針，再將織片右端往外推，旋轉翻至背面。

第2段

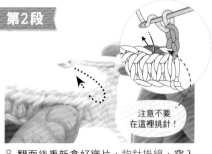

注意不要在這裡挑針！

8 翻面後重新拿好織片，鉤針掛線，穿入前段邊端第2針中長針的針頭。

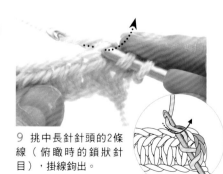

9 挑中長針針頭的2條線（俯瞰時的鎖狀針目），掛線鉤出。

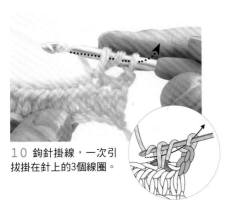

10 鉤針掛線，一次引拔掛在針上的3個線圈。

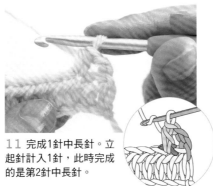

11 完成1針中長針。立起針計入1針，此時完成的是第2針中長針。

12 以相同作法繼續鉤織，鉤織終點是挑前段立起針第2針鎖針裡山與外側半針2條線鉤織（→P.23長針的要領相同）。

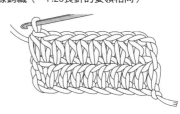

引拔針

輔助性針法，可以作為無高度的針目，亦可用於接合兩針目。
以針尖掛線，鉤出織線即完成的針法，操作要領與鎖針相同。

※針目記號是將鎖針塗滿的實心橢圓，但有時也會畫成更小的黑點（●）。

正面

在針頭上鉤織時
（這裡是在短針上）

1 將織線置於織片外側，挑前段針目針頭的2條線，穿入鉤針。

2 針尖掛線後鉤出（引拔）。

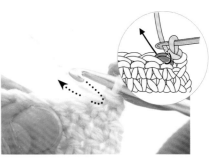

3 完成1針引拔針。接著同樣在前段的相鄰針目挑針，鉤出織線引拔。

4 以相同作法繼續鉤織，因為容易鉤得太緊繃，引拔時請留意拉線的力道。

5 完成5針引拔針。看起來宛如鉤織了一段鎖針。

連結兩針目時

將鉤針穿入指定位置，掛線後直接鉤出，即可以引拔針連結針目。

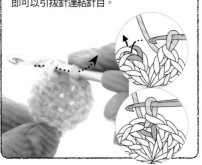

收針與藏線

收針處的線頭固定

1 鉤完最後1個針目後，拉長擴大鉤針上掛著的線圈。

2 留下約5cm的線頭後剪斷。

3 將線頭穿過擴大的線圈。

4 拉線頭收緊線圈即完成。

藏線方法

將線頭穿入毛線針（P.13）後，再穿進織片裡藏起線頭，使其不顯眼。線頭無須打結。

●穿入背面藏線……作品有正反面之分的情況時，將3～4cm的線頭穿入織片背面。縫針不穿入針目之間的空隙，而是從織線中穿過，讓線頭難以鬆脫。

收針處

起針處

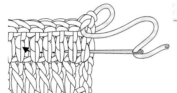

●穿入邊端藏線……若是背面也會被看到的作品，就將線頭藏入邊端針目吧！

收針處

起針處

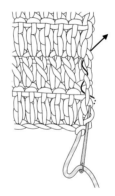

小心修剪
要注意
避免剪到織片！

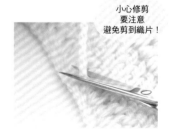

將線頭藏好之後，貼近織片剪斷線頭。

線頭太短時

預留的線頭太短，以至於穿入毛線針後無法挑縫織片！……這時候，可以採用以下方法。

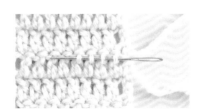
1 先將毛線針穿入織片。

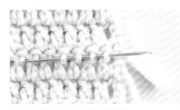
2 再將線頭穿入毛線針的針孔。

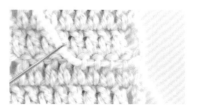
3 往前抽出毛線針，即可將線頭藏入織片裡。

針目高度＆立起針

針目記號的看法（針目記號標示意義＆實際操作）

針目記號為針目形狀簡化後轉換而成的記號。
包含鉤針穿入位置、針目編織順序等各種指示。
只要能夠看懂針目記號，之後照著記號鉤織即可。

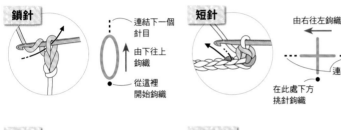

針目的高度

鉤針編織的針目，具有高度差異上的區別，段的高度會因為鉤織針目而有所不同。以鎖針1針的長度為基準，假設該長度為1，那麼相同高度的短針為（1），中長針為2倍，長針為3倍，長長針為4倍，三捲長針就是5倍高度。鉤織期間要時時留意這部分，以便完成高度相同，整齊漂亮的織片。

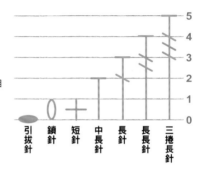

何謂「立起針」？

鉤針編織的段高會因為針目而有所不同，因此鉤織起點必須鉤織稱為「立起針」的鎖針。所謂的「立起針」，是以鎖針作為該處原本應該鉤織針目的高度代替品。若是在段的鉤織起點突然鉤織針目，既無法織出應有的高度，織片邊緣也會像塌陷似地不漂亮。因此，段的鉤織起點都是先鉤織與該針目相同高度份量的鎖針，那些鎖針就是「立起針」。立起針的鎖針數會根據後續鉤織針目而不同，短針以外的立起針都算作1針（短針的立起針僅為1針鎖針，缺乏存在感又顯得不穩定，因此不計入針數）。

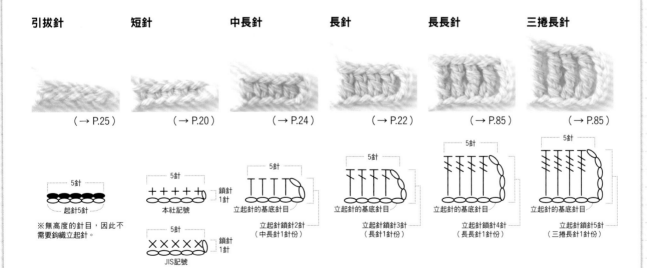

織圖&作法頁面說明

織圖的閱讀方式

織片會以針法記號的組合「（針法）記號圖」來表示（一般又稱為「織圖」）。

記號圖表示的狀態，全部都是織片正面呈現的模樣。實際上鉤織時是由右往左進行，因此以往復編鉤織時，就會交互看著織片正面與背面進行。但是若從織法來看，基本上正面背面都是一樣的。也就是說，從正面看時，每隔一段就會看見針目的背面。而織段起點鉤織的立起針鎖針，若位於右側就是正面鉤織的段；位於左側則是背面鉤織的段，請注意記號圖標示的箭頭方向。

鉤織輪編或花樣織片時，基本上都是一直看著正面進行鉤織。順帶一提，因為針目是在鉤織之下完成的，因此記號圖多是由下往上鉤織，圓形則是由中心往外進行。織圖乍看之下似乎感覺很困難，但因為這是將完成織片的構成，原封不動轉換成記號，所以只要找到開始鉤織的起針處，然後一筆到底般，按照針目記號依序進行就沒問題了！

實在難以分辨時，不妨試著以不同顏色標示出每一段的記號，或是畫上區分每一組花樣的線條等，多花一點心思試試看吧！

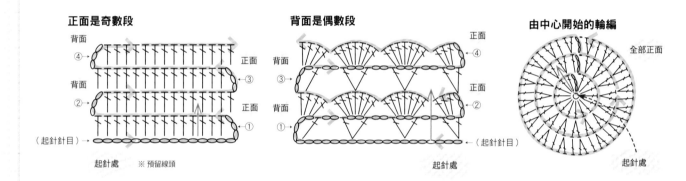

正面是奇數段　　　　　　背面是偶數段　　　　　　由中心開始的輪編

作法的閱讀方式

作法頁裡記載著使用織線、鉤針等材料與工具，以及操作圖、針目記號圖之類的各種編織必要資訊。開始編織前，先來了解一下這部分記載內容吧！

線材…記載使用的織線名稱、色號、用量。

針號…記載使用的鉤針數號。列出兩種以上時，必須依據作品說明的指定，局部區分使用，這一點需留意。

密度…有助於編織出與示範作品相同的標準依據（參照 P.29 說明）。

操作圖…織品整體輪廓與各部位尺寸、針數、織法等相關數據。

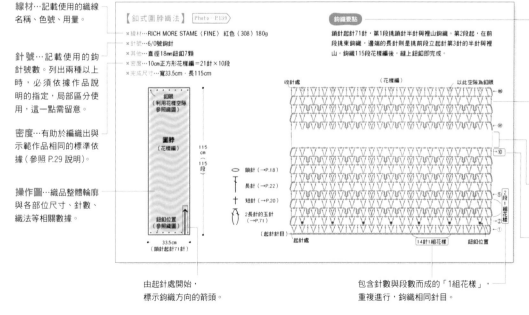

【釦式圍脖織法】 Photo → P.139

※線材…RICH MORE STAME（FINE） 紅色（308）180g
※針號…6/0號鉤針
※其他…直徑18mm鈕釦7顆
※密度…10cm正方形花樣編=21針×10段
※完成尺寸…寬33.5cm，長115cm

鉤織要點

鎖針起針71針，第1段挑鎖針半針與裡山鉤織。第2段起，在前段挑束鉤織，邊端的長針則是挑前段立起針第3針的半針與裡山。鉤織115段花樣編後，縫上鈕釦即完成。

○ 鎖針（→P.18）
↑ 長針（→P.22）
十 短針（→P.20）
⋀ 2長針的玉編（→P.71）

鉤織重點…鉤織進行順序的文字說明。鉤織時不但要看著針目記號圖進行，也要不時確認織法。

針目記號圖…以針目記號表示鉤織作法的圖示。首先找出起針處的位置，再依序鉤織針目即可。

此處空白為省略針目記號的部分。以相同織法重複鉤織針目即可。

圓圈內的數字代表段數（本社採用），→符號則表示鉤織方向。

由起針處開始，標示鉤織方向的箭頭。

包含針數與段數而成的「1組花樣」，重複進行，鉤織相同針目。

關於密度

何謂「密度」？

所謂密度，是表示針目大小的編織基準，亦是完成與刊載作品相同尺寸時不可或缺的數據。即使以相同的織線編織，還是可能出現因編織力道不同而針目大小不一的情形。密度對於編織衣服或帽子等穿著衣物尤其重要。

密度通常是以10cm平方的織片內織入幾針、幾段來計算（拼接花樣織片時則是單指1片花樣織片的尺寸）。

編織作品前，先試織邊長約15cm的正方形織片，測量實際鉤織的密度吧！

針數‧段數的算法

鉤針掛線引拔之後完成的即是「針目」，針目橫向並排成一列的狀態，就稱為「段」。

一列一列往上鉤織針目就會增加「段」，段增加後即構成織片。哪個是1針？哪裡算1段？在熟悉之前容易感到迷惑，請看清楚針目形狀，正確地計算針數吧！

短針

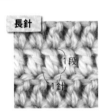

長針

測量密度與標準不同時該怎麼辦？

測量的針數、段數多於或少於作法頁標準密度時，可以藉由改換不同號數的鉤針，達成織出相同的密度。

針數‧段數 多於標準時	針數‧段數 少於標準時
針目太緊， 完成尺寸較小。	針目太鬆， 完成尺寸較大。
↓	↓
稍微織鬆一點， 或是改換較粗的鉤針 以調整密度。	稍微織緊一點， 或是改換較細的鉤針 以調整密度。

為何要麻煩地測量「密度」！？

若是鉤織圍巾、披肩等，完成尺寸即使與標準不一樣，使用上也不會造成任何影響的作品時，無須在意密度直接鉤織也可以。但是，鉤織密度織片既可確認織法，又可熟練鉤織技巧。特別是對於初學者而言，可以當作織出漂亮作品的練習，因此仍然建議實行。

密度的測量方法

參考本書的密度解說，使用作品編織線完成針目清楚，針數明確的織片。段數大致與寬度等長，鉤織至剛好完成花樣的位置即可。織片完成後，以蒸氣熨斗微微懸空整燙，調整針目的水平與垂直狀態。蒸氣熱度散逸之後，僅測量織片中央針目最穩定的10cm正方形範圍，計算針數與段數。計算後出現零頭時，可四捨五入或算作0.5針（0.5段）。出現幾mm誤差則不必太在意。

以直尺或捲尺
進行測量吧！

織好的「密度」織片還有什麼作用？

鉤織時，不妨將測量過密度的織片放在手邊，方便隨時確認、比較針目大小。材料列出的織線，並不包含測量密度用的織片線材。因此，萬一鉤織途中織線不夠用時，可拆開密度織片，將織線用於比較不顯眼的拼縫等部分。

調整密度

改換不同號數的鉤針，藉此調整針目大小的作法稱為「調整密度」。即使鉤織相同針數，但是使用不同號數的鉤針，完成的織片大小也會不一樣。調整密度是鉤織設計上經常會運用到的技巧之一。

鉤針越粗，
鉤織的針目越大，
越細則針目越小。

4/0號針

5/0號針

6/0號針

試著鉤織作品吧！

先從鉤織小物開始，以練習的心情進行挑戰吧！

✳ 簡單素雅的隔熱墊

使用最基本的針法編織，簡單就能完成的素雅隔熱墊。

作品a與c是鉤織鎖針與短針，作品b是鉤織鎖針、短針、中長針即可完成。

設計／夢野 彩

線材／Hamanaka Sonomono《超極太》

b

c

a

Lesson練習作品　織法分解步驟請見 P.32 ～ 33。

【隔熱墊作法】

× 線材…Hamanaka Sonomono《超極太》
a：原色（11）、b：淺褐色（12）、
c：焦茶色（13）各25g
× 針號…10/0號鉤針、7mm巨大鉤針（起針用）
× 密度…10cm正方形＝
a：米編13.5針×13.5段
b：花樣編10針×9.5段
c：短針12針×12.5段
× 完成尺寸…15cm×15cm

鉤織重點

以7mm巨大鉤針鉤織鎖針起針。接著改換10/0號鉤針，鉤織立起針的鎖針，挑起針的鎖針裡山，鉤織第1段。

a：鉤織立起針的鎖針1針，接著重複鉤織1針鎖針、1針短針與1針鎖針。以每鉤一段就將織片翻面的往復編方式，鉤至20段（參照P.32）。

b：鉤織立起針的鎖針1針，接著鉤織1段短針。鉤織第2段立起針的鎖針2針後，織片翻面，鉤織中長針。
以每鉤一段就將織片翻面的方式，交互鉤織短針與中長針，鉤至14段。

c：鉤織立起針的鎖針1針，接著鉤織短針。每鉤一段就將織片翻面，鉤至19段。

a、b、c三款的鉤織終點，皆是鉤織10針鎖針的吊環後引拔。

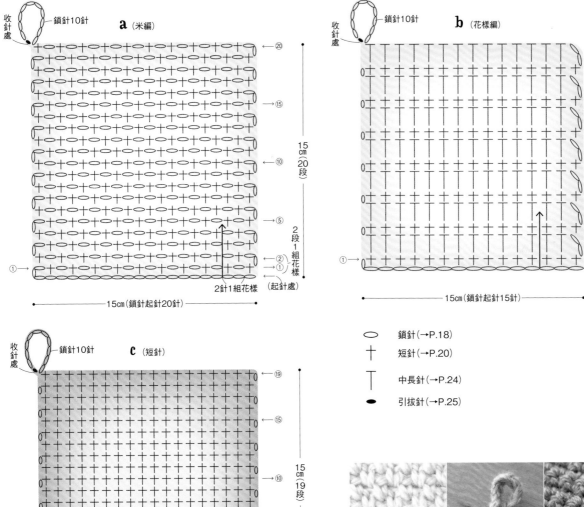

○ 鎖針（→P.18）
╋ 短針（→P.20）
┳ 中長針（→P.24）
● 引拔針（→P.25）

Lesson
photo····P.30

隔熱墊 a 的織法

只需鉤織鎖針與短針，初次挑戰的新手就從這件作品開始吧！
一邊確認P.31的織圖，一邊依序鉤織吧！

起針

鎖針20針

1　7mm鉤針鉤織20針鎖針，此即起針針目。

第1段

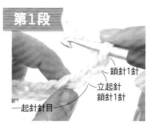

鎖針1針
立起針
鎖針1針
起針針目

2　改換10/0號鉤針，鉤織第1段立起針的鎖針1針，再鉤1針鎖針。

3　挑起針針目的邊端第2針鎖針裡山（末端倒數第4針）。

4　鉤針掛線，依箭頭指示鉤出織線。

5　針尖再次掛線引拔，完成短針。

6　完成1針短針。

7　接著鉤織1針鎖針，跳過起針的1針鎖針，挑下一個針目。

8　鉤針掛線鉤出，鉤織短針。

9　完成第2針短針。

10　接著鉤織1針鎖針，跳過起針的1個針目，挑下一個針目。

11　重複步驟8～10，跳過1針起針針目後鉤織短針與鎖針。完成第1段的模樣。

第2段

12　鉤織下一段立起針的鎖針1針，以及接下來的1針鎖針。

13　鉤針維持不動，以P.22相同要領，將織片右端往後推出翻面。

14　鉤針穿入前段鎖針下方空間（稱為「挑束鉤織」）。

15　鉤針掛線鉤出。

16　鉤織短針。

17 繼續鉤織1針鎖針。

18 重複鉤織步驟14～17。

19 完成第2段的模樣。

第3段

20 鉤織下一段起針的鎖針1針，以及接下來的1針鎖針。

21 鉤針掛著線圈狀態下，將織片翻面，同第2段的要領鉤織第3段。

收針處的吊環

22 以相同要領每鉤一段就將織片翻面，鉤至20段。

23 接著繼續鉤織10針鎖針。

24 挑鎖針基底處的短針針頭1條線與針腳1條線。

25 鉤針掛線引拔。

26 完成鎖針的吊環。

剪線

27 拉長掛在針上的線圈，剪線後拉出線頭。

28 完成織片。

最後修飾

29 線頭穿入毛線針，將織片翻至背面，縫針從邊端針目的織線中穿過，藏入線頭。

30 穿入3～4cm後，再次從反方向穿入，即可避免線頭鬆脫。起針處的線頭也以相同要領處理。

31 修剪線頭後，以蒸氣熨斗微微地浮空整燙，調整形狀，靜置至蒸氣完全散逸為止。

32 完成！

※ 方眼編的鏤空小桌巾

組合長針與鎖針兩種織法，構成方格狀的方眼編，
以長針填滿方格即可作出圖案。
中央加入了鎖針與短針，完成花朵圖案的小桌飾。

設計／夢野 彩
線材／Hamanaka Flax C

即使鉤織方法相同，
只是改換織線就能變化尺寸。
試著以細線鉤織成小巧可愛的針插。

線材／Puppy New 2PLY

【小桌巾&針插織法】 ※〔 〕內為針插

× 線材…Hamanaka Flax C　原色（1）11g〔Puppy New 2PLY　藍色（252）3g〕
× 針號…3/0號鉤針、4/0號鉤針（起針用）〔4號蕾絲針、0號（起針用）〕
× 其他…〔針插用布 10cm正方形2片、棉花〕
× 密度…10cm正方形的方眼編＝10格（30針）×10.5段 〔19格（57針）×21段〕
× 完成尺寸…18cm×19cm 〔9.5cm×9.5cm〕

鉤織重點　＊織法分解步驟請見 P.36。

以4/0號鉤針〔0號蕾絲鉤針〕鉤織鎖針起針52針。接著改換3/0號鉤針〔4號蕾絲鉤針〕，鉤織立起針的鎖針3針，再鉤2針鎖針，挑鎖針起針的裡山鉤織長針。重複鉤織2針鎖針與1針長針。第2段以後鉤織長針、鎖針，一部分則是鉤織短針，並且在前段的鎖針挑束（參照P.57），鉤織長針構成花樣。鉤至19段。

接續鉤織緣編。鉤織立起針的鎖針1針，重複1針短針與3針鎖針（轉角為5針鎖針），沿四邊鉤織一圈。

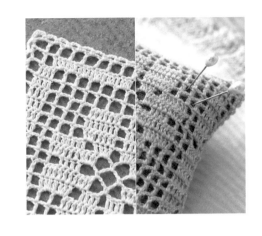

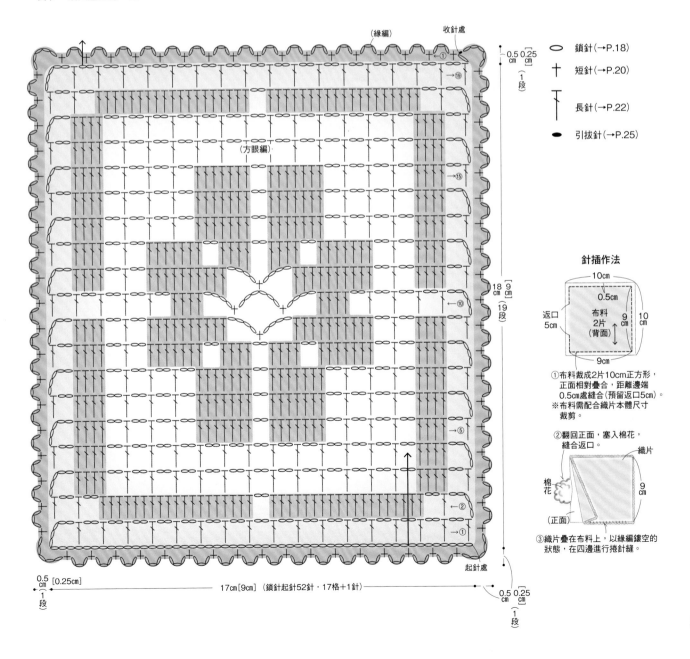

鎖針（→P.18）

十 短針（→P.20）

長針（→P.22）

引拔針（→P.25）

（緣編）　收針處

（方眼編）

→⑲
→⑮
←⑩
→⑤
←②
→①

18cm 9cm
（19段）

0.5 0.25
cm cm
1 段

起針處

0.5 [0.25cm]
1
段

17cm[9cm]（鎖針起針52針・17格＋1針）

0.5 0.25
cm cm
1
段

針插作法

10cm
0.5cm
返口　布料　10
5cm　2片　cm
（背面）　9
9cm　cm

①布料裁成2片10cm正方形，正面相對疊合，距離邊端0.5cm處縫合（預留返口5cm）。
※布料需配合織片本體尺寸裁剪。

②翻回正面，塞入棉花，縫合返口。

織片
棉花
9cm
（正面）

③織片疊在布料上，以緣編鏤空的狀態，在四邊進行捲針縫。

Point
Lesson

方眼編鏤空小桌巾的鉤織重點

使用細線因而看似十分纖細的作品,卻是以基本針法就能完成的簡單織品。
稍微習慣鉤針編織的技巧後,不妨挑戰看看!

起針

1 以4/0號鉤針鉤織52針鎖針,此即起針針目。接著改換3/0號鉤針。

第1段

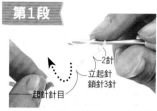

2 鉤織立起針的鎖針3針,以及鎖針2針。鉤針掛線,挑起針針目的邊端第4針鎖針裡山。

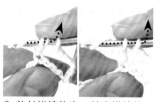

3 鉤針掛線鉤出,針尖掛線後,分別引拔掛在針上的前2個線圈,引拔2次(長針)。

4 完成1針長針。接著鉤織2針鎖針,鉤針掛線,跳過起針的2針鎖針,挑針鉤織長針。

5 以相同要領鉤至邊端為止。接著鉤織下一段立起針的鎖針3針＋鎖針2針後,將織片翻面。

第2段

6 鉤針掛線,挑前段邊端第2針的長針針頭2條線,鉤織長針。

7 接著鉤織鎖針2針,挑下一個長針針頭,鉤織長針。

8 下一針是在前段的鎖針挑束,鉤織長針。

9 以相同要領在前段的長針挑針鉤織,鎖針部分挑束鉤織長針。

10 第2段的鉤織終點,是在織片背面挑前段立起針第3針的鎖針裡山與半針,鉤織長針。

11 完成第2段的模樣。以相同要領在前段的鎖針上挑束鉤織,依織圖進行。

第3段

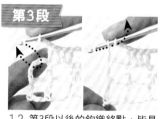

12 第3段以後的鉤織終點,皆是在織片正面挑前段立起針第3針的鎖針半針與裡山,鉤織長針。

第9段

13 中央的花樣是鉤織4針鎖針,接著在前段的鎖針挑束鉤織短針。

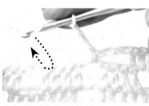

14 繼續鉤織4針鎖針,再以相同要領鉤織鎖針目,構成花樣。

緣編

15 以相同要領鉤至19段,接著鉤織緣編立起針的1針鎖針。

16 織片翻回正面,在本體的方眼編上挑束,鉤織1針短針。

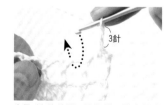

17 接著鉤織3針鎖針,挑束鉤織短針。

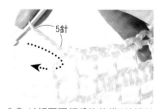

18 以相同要領重複鉤織3針鎖針與1針短針,轉角則是鉤5針鎖針後,於相同方格裡鉤織短針。

19 方眼編的織段側(兩側邊)同樣挑束鉤織短針。以相同要領鉤織一圈。

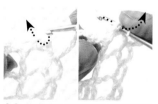

20 鉤織終點是挑緣編第1針的短針針頭2條線引拔。

36

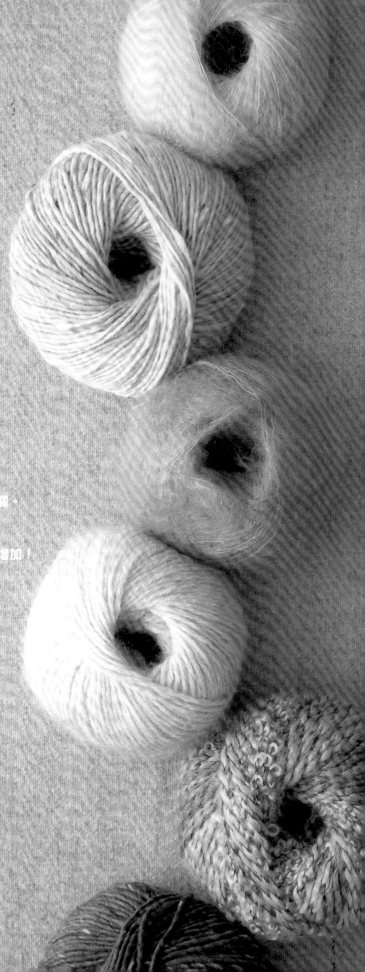

STEP 2
作品的展開
── 來學輪編吧 ──

學會基本針法與來回鉤織的往復編之後,

接著來學習輪編的方法吧!

輪狀起針因為不像鎖針起針那樣穩定,

所以在習慣之前會覺得很難,這或許是學習鉤織最初的難關,

但這也是鉤針編織的基礎,而且是重要的技巧。

只要紮紮實實學會輪編技巧,能鉤織的作品類別就會大幅增加!

雖然都稱為輪編,但鉤織方法卻有許多模式,

請先仔細地看過一遍,大致了解一下。

輪狀起針

從中心開始以繞圈般進行的輪狀鉤織，又稱輪編，起針方法有下列幾種。

手指繞線成環
（輪狀起針・1）

中心緊密紮實，是經常使用的起針法。
這裡以短針連接立起針，並織成圓形的範例進行解說。

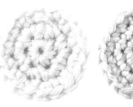

每段皆換色鉤織時

※由立起針的鎖針開始，
往左進行輪編。

以針背
推開織線般掛線

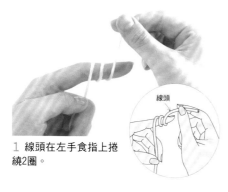

1 線頭在左手食指上捲繞2圈。

2 小心取下手指上的線圈，壓住交叉點避免鬆開。

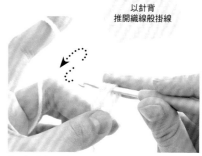

3 左手食指掛線後（參照P.17）如圖示接過線圈，鉤針穿入線圈（輪）後掛線。

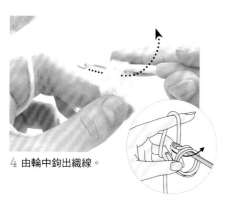

4 由輪中鉤出織線。

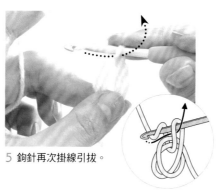

5 鉤針再次掛線引拔。

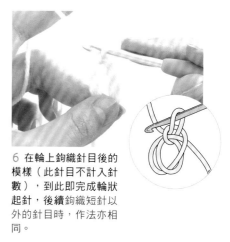

6 在輪上鉤織針目後的模樣（此針目不計入針數），到此即完成輪狀起針，後續鉤織短針以外的針目時，作法亦相同。

第1段 鉤織6針短針

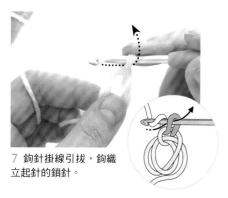

7 鉤針掛線引拔，鉤織立起針的鎖針。

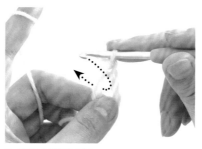

8 鉤針同樣穿入輪中。

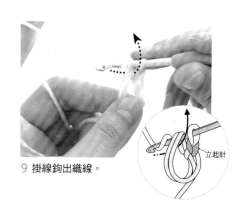

9 掛線鉤出織線。

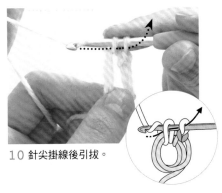

10 針尖掛線後引拔。

11 完成1針短針。接著以相同要領將鉤針穿入輪中，鉤織短針。

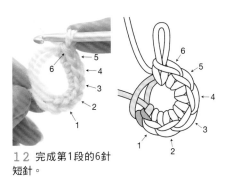

12 完成第1段的6針短針。

收緊中心

第1段鉤織完成後要收緊輪中心。收緊輪需要一點訣竅，請務必看仔細。

> 即使暫時取下鉤針也沒關係！
> 為了避免針目鬆脫，
> 請先將針目線圈如圖示拉大。

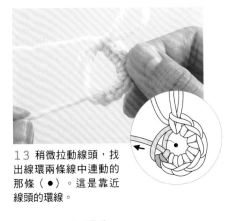

13 稍微拉動線頭，找出線環兩條線中連動的那條（●）。這是靠近線頭的環線。

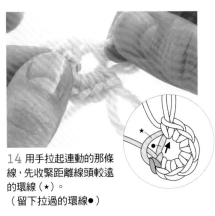

14 用手拉起連動的那條線，先收緊距離線頭較遠的環線（★）。（留下拉過的環線●）

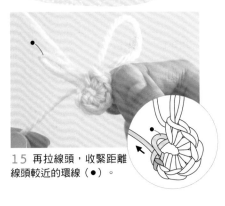

15 再拉線頭，收緊距離線頭較近的環線（●）。

♡caution!

直接用力拉線頭時，會無法完全收緊距離線頭較遠的環線。
由於起針的環線兩條，到底該拉哪一條才好，這點容易令人混淆不清。
連接線頭的環線是最後才收緊，因此，首先要確認哪一條環線比較靠近線頭（13）
用力抽起那條環線即可先收緊另一側，亦即收緊中心側的環線（14）。
因為抽起而變大的環線是靠近線頭的連動線，所以只要拉線頭就能輕易收緊（15）。

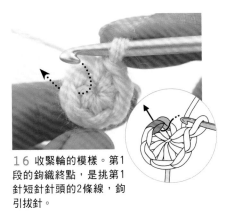

16 收緊輪的模樣。第1段的鉤織終點，是挑第1針短針針頭的2條線，鉤引拔針。

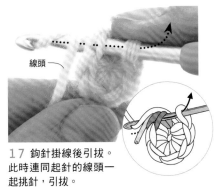

線頭

17 鉤針掛線後引拔。此時連同起針的線頭一起挑針，引拔。

18 完成第1段。

第2段 第2段開始要一邊鉤織一邊增加針目。加針的方法很簡單，無須慌張的輕鬆鉤織吧！

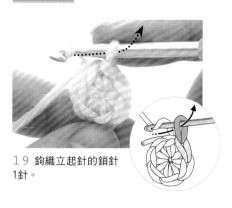

19 鉤織立起針的鎖針1針。

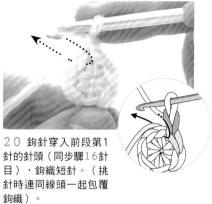

20 鉤針穿入前段第1針的針頭（同步驟16針目），鉤織短針。（挑針時連同線頭一起包覆鉤織）。

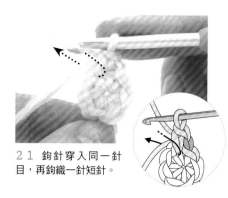

21 鉤針穿入同一針目，再鉤織一針短針。

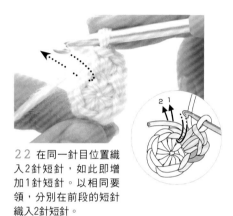

22 在同一針目位置織入2針短針，如此即增加1針短針。以相同要領，分別在前段的短針織入2針短針。

23 第2段（增加成12針），鉤織終點同樣是挑第1針短針針頭的2條線，鉤引拔針。

此針目為第1段的引拔針，請小心不要挑到這個針目！

第3段 每隔1針增加針目的進行鉤織。

24 繼續鉤織第3段立起針的鎖針1針，挑前段的第1個針目（同步驟23的針目）鉤織短針。

25 下一個針目織入2針短針（加針）。

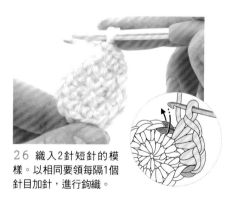

26 織入2針短針的模樣。以相同要領每隔1個針目加針，進行鉤織。

27 第3段的鉤織終點，同樣是挑第1針的短針針頭，鉤引拔針（針數共18針）。

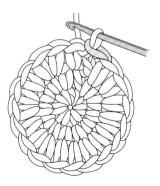

28 完成第3段。

問題急救站

線圈鬆開了！

手指繞線成環後，若是在取下線圈（輪）時鬆開了，到底該怎麼辦呢？
這是初學者經常會碰到的問題。經常出現這種情形時，那就不取下線圈，直接開始鉤織針目吧！
只要先鉤好起針針目，輪就會穩定，接下來就很容易進行鉤織。

1 同P.38步驟1，在手指上繞線2圈形成線環後，直接穿入鉤針。

2 針尖掛線鉤出織線（要領同P.38步驟3、4）。

3 鉤出織線的模樣。

4 取下手指上的線環（輪），再以左手接過輪。

5 同P.38步驟5的狀態，繼續鉤織針目。

直接繞線成環（輪狀起針・2）

雖然方法很簡單，但因為中心容易鬆開，所以必須確實處理線頭。
這個起針法適合毛海等容易糾纏的織線。

第1段

1 將鉤針放在織線外側，旋轉針尖作出一個鬆鬆的線圈。

2 壓住線圈的交叉點，鉤針掛線引拔（製作鎖針邊端針目的要領）。

3 不收緊線圈，在鬆鬆的狀態下鉤織立起針的鎖針1針。

4 鉤針接著穿入輪中，如圖示挑2條線。

5 鉤針掛線鉤出。

6 鉤織短針。

  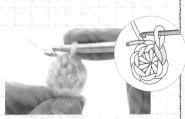

7 完成1針短針。接著以P.39相同要領鉤織針目（連同線頭一起挑針包覆）。

8 鉤織必要針數（此為6針短針）後，拉動線頭，收緊輪中心。相較於P.38介紹的起針法，可以更輕鬆的收緊中心。

9 從這裡開始，繼續以P.39步驟16的相同要領鉤織。在第1針的短針上鉤引拔針，完成第1段。

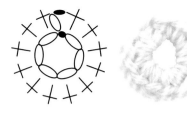

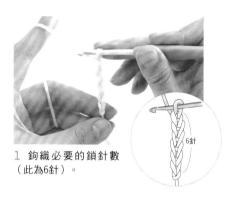

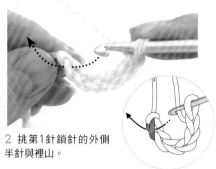

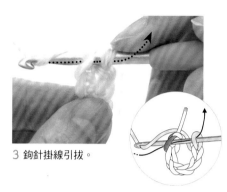

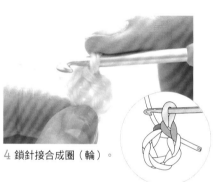

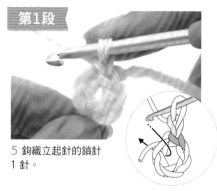

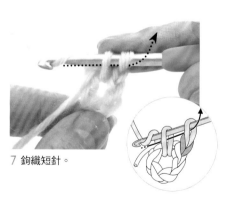

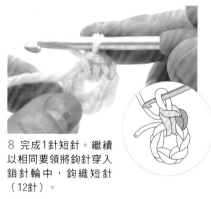

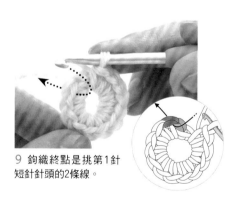

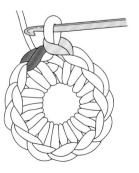

鎖針接合成圈的輪狀起針・1（鎖針的輪狀起針・1）

這個方法的起針很牢固，而且是第1段需要鉤入許多針目時經常使用的方法。
因為無法收緊輪中心，所以中心會呈現空洞狀。

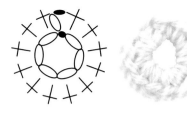

STEP 2

輪狀起針 ● 鎖針接合成圈的輪狀起針・1（鎖針的輪狀起針・1）

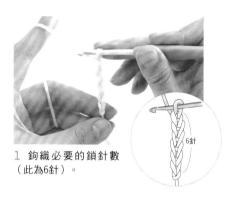

1 鉤織必要的鎖針數
（此為6針）。

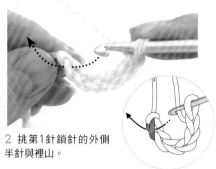

2 挑第1針鎖針的外側
半針與裡山。

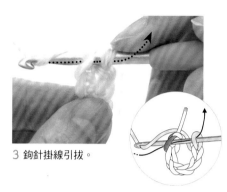

3 鉤針掛線引拔。

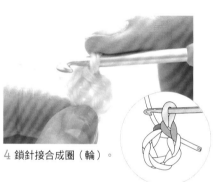

4 鎖針接合成圈（輪）。

第1段

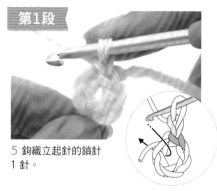

5 鉤織立起針的鎖針
1針。

6 鉤針穿入鎖針輪中，連同線頭一起挑
針，掛線後鉤出織線。

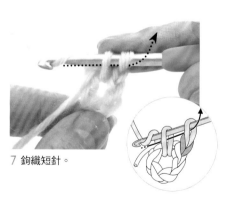

7 鉤織短針。

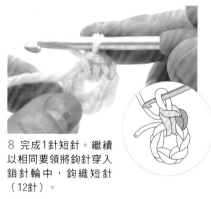

8 完成1針短針。繼續
以相同要領將鉤針穿入
鎖針輪中，鉤織短針
（12針）。

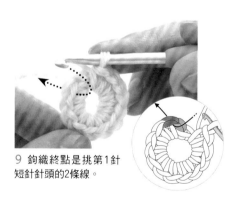

9 鉤織終點是挑第1針
短針針頭的2條線。

10 鉤針掛線，鉤引拔針。

11 完成第1段。

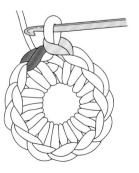

鎖針接合成圈的輪狀起針・2（鎖針的輪狀起針・2）

鉤織帽子等筒狀織品時常用的起針法。

1 鉤織必要的鎖針數。

2 注意別讓鎖針扭轉歪斜，在第1針的裡山挑針。

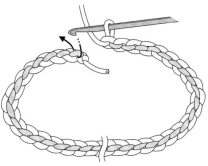

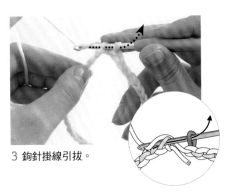

3 鉤針掛線引拔。

4 鎖針接合成圈（輪）。

第1段

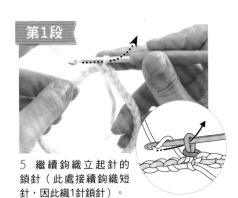

5 繼續鉤織立起針的鎖針（此處接續鉤織短針，因此織1針鎖針）。

6 將鉤針穿入步驟2相同位置，鉤織短針。

7 繼續挑鎖針裡山鉤織針目。

8 完成5針短針。

9 第1段針目織好後，鉤針穿入第1針短針針頭的2條線。

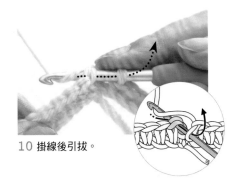

10 掛線後引拔。

11 完成第1段。接著鉤織下一段的立起針，繼續繞圈鉤織成筒狀。

織成橢圓形

輪編也有不是鉤織圓形,而是鉤成橢圓形的作法,
此時起針是鉤織鎖針,再沿著兩側挑針。

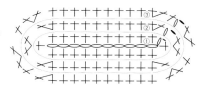

第1段

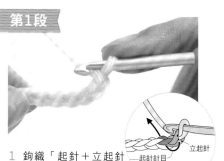

1 鉤織「起針＋立起針1針」份的鎖針數,鉤針如圖示穿入起針的邊端針目,挑鎖針半針與裡山,鉤織短針。

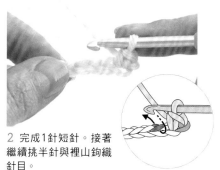

2 完成1針短針。接著繼續挑半針與裡山鉤織針目。

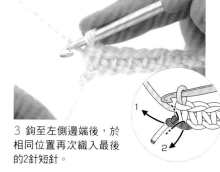

3 鉤至左側邊端後,於相同位置再次織入最後的2針短針。

4 繼續沿鎖針起針的另一側挑針鉤織。

5 織到另一側的邊端針目後,同樣再次織入2針短針。

6 第1段的鉤織終點,是挑第1針短針的針頭鉤引拔針。

第2段之後

7 鉤織立起針的鎖針1針,於步驟6相同的位置織入短針(織入2針進行加針)。

8 一邊看著記號圖,一邊在橢圓形兩端進行加針,鉤織一整圈,鉤織終點皆是引拔第1針的短針針頭。

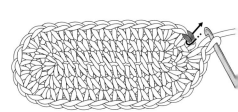

9 第3段也是以相同要領鉤織。

不織立起針的螺旋狀織法

以短針鉤織圓形時，也可以不在段的鉤織起點上鉤織立起針，
形成一圈圈接連不斷的螺旋狀。
因為沒有立起針，所以段的交界處會自然融合而不明顯。
但是相對地也容易造成混淆，不知道鉤織至哪裡了，
所以要一邊作記號一邊鉤織。

每段皆換色鉤織時

第1段

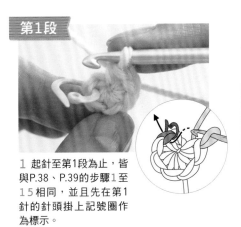

1 起針至第1段為止，皆
與P.38、P.39的步驟1至
15相同，並且先在第1
針的針頭掛上記號圈作
為標示。

2 鉤完第1段針目後，
直接在記號針目上挑
針。鉤針掛線後鉤出織
線。

3 鉤織短針。

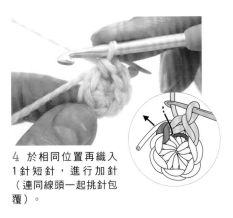

4 於相同位置再織入
1針短針，進行加針
（連同線頭一起挑針包
覆）。

5 分別在前段的每一針
目織入2針短針，一邊加
針，一邊鉤織。

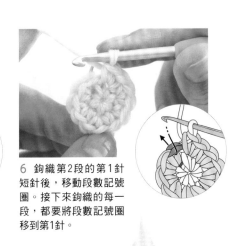

6 鉤織第2段的第1針
短針後，移動段數記號
圈。接下來鉤織的每一
段，都要將段數記號圈
移到第1針。

漂亮完成輪編收針的方法 ── 短針時

最終段的鉤織終點，雖然也可以在該段的第1針織引拔針，
但實際上還能夠處理得更加自然漂亮的收針方式。
尤其是不織立起針的情況，特別容易在最後形成高低段差。
若是能夠漂亮又自然的收尾，那是最好不過了！

此收針方式縫製的鎖針
會重疊在第1針短針的針頭上

預留
約10cm後

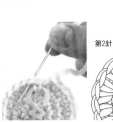

第2針
第1針

1 織好最後一針短針，直接
拉大掛在針上的線圈，剪線
後拉出織線。

2 織線穿入毛線針，挑縫最終段第2針短針針
頭的2條線，縫針穿回最後一針的短針針頭。

3 拉線縮成1針鎖針
大小，即可接合成自
然完整的邊緣。

加上記號使段容易辨識

上圖是一邊在各段第1針的短針
針腳掛上記號圈，一邊鉤織的
模樣。不使用記號圈，改以其
他織線來註記也無妨。請花些
心思，避免弄混各段交界的進
行鉤織吧！

45

實際動手織看看！

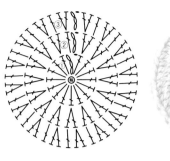
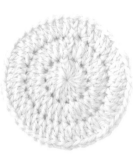

以長針鉤織圓形織片
（手指繞線成環的輪狀起針）

前述章節介紹了各種將短針鉤織成圓形的方式，但無論鉤織哪一種針目，輪狀起針都是共通的作法。以長針鉤織，可以比短針更迅速織出大圓織片。完成的針目質感差異，也請與P.38比較看看。

第1段

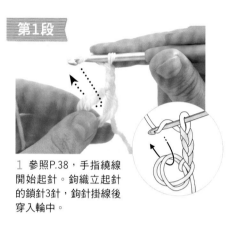

1 參照P.38，手指繞線開始起針。鉤織立起針的鎖針3針，鉤針掛線後穿入輪中。

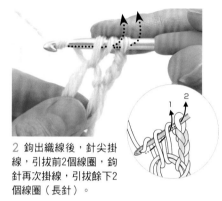

2 鉤出織線後，針尖掛線，引拔前2個線圈，鉤針再次掛線，引拔餘下2個線圈（長針）。

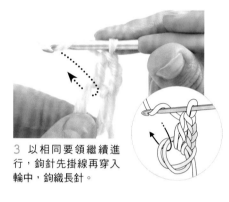

3 以相同要領繼續進行，鉤針先掛線再穿入輪中，鉤織長針。

4 鉤織立起針的鎖針3針與15針長針後，收緊輪中心（→P.39步驟13～14）。稍微拉動線頭。

5 拉起連動的織線，先收緊另一側線環。

6 拉線頭收緊輪中心。

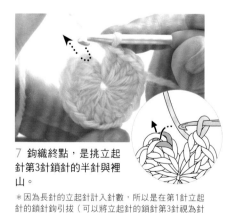

7 鉤織終點，是挑立起針第3針鎖針的半針與裡山。

8 鉤針掛線後引拔。

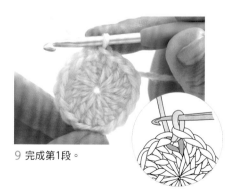

9 完成第1段。

＊因為長針的立起針計入針數，所以是在第1針立起針的鎖針鉤引拔（可以將立起針的鎖針第3針視為針目的針頭）。

第2段 分別在前段的每1針目織入2針長針，進行加針。

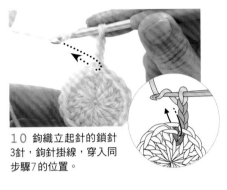

10 鉤織立起針的鎖針3針，鉤針掛線，穿入同步驟7的位置。

11 鉤織長針。接著在下一個針目織入2長針。

由於前段的長針針頭會被撐開，要小心挑針！

12 所有針目都分別織入2長針後，鉤織終點是挑立起針的鎖針第3針鉤引拔。

第3段 以每隔1針進行加針的鉤織。

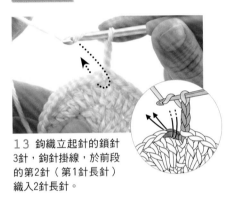

13 鉤織立起針的鎖針3針，鉤針掛線，於前段的第2針（第1針長針）織入2針長針。

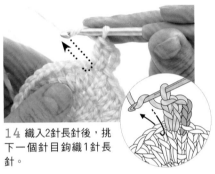

14 織入2針長針後，挑下一個針目鉤織1針長針。

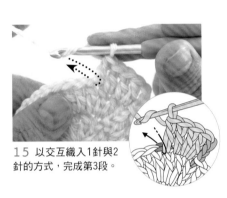

15 以交互織入1針與2針的方式，完成第3段。

輪編的收針 輪編最終段的收針，如同一般織段的鉤織終點作引拔亦可。但若是採用P.45介紹的鎖針收縫方式，可以更漂亮的收尾。

預留約10cm線段剪線

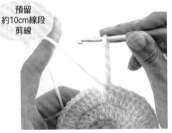

16 織好最後的長針後，直接拉大鉤針上的線圈，剪線後從圈中拉出線頭。

第2針

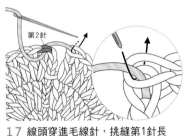

17 線頭穿進毛線針，挑縫第1針長針（段的第2針）針頭的2條線，再將毛線針穿回最後的長針針頭中央。

此收針方式縫製的鎖針會重疊在立起針鎖針（段的第1針）的第3針針頭上

18 將織線拉成1針鎖針的大小，形成美觀自然的連接。

藏線

19 織片翻面，以不醒目的方式藏入線頭。穿縫數針後，再朝反方向藏線固定。

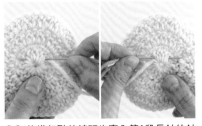

20 鉤織起點的線頭也穿入第1段長針的針腳，進行藏線。

Let's try! 試著鉤織作品吧！
學會輪編之後，就能大大拓展鉤織作品的範疇！

a

b

✳ 短針提籃包

造型簡單俐落的提籃風手提包，時尚又好拿。
以短針一圈圈地加針完成袋底，
停止加針繼續鉤織，就會讓側面自然立起，
形成立體的袋身形狀。
事實上，這兩個包包都是以相同針數、段數鉤織而成。
只是因為線材不同，大小與感覺就截然不同。

設計／遠藤ひろみ
製作／夢野 彩
線材／Hamanaka Bosk、Marchen Art Jute Ramie

【 短針提籃包織法 】

✗ 線材⋯a：Hamanaka Bosk　原色（1）145 g
　 b：Marchen Art Jute Ramie　原色（551）170 g
✗ 針號⋯a：8mm巨大鉤針　b：9/0 號鉤針
✗ 其他⋯皮革提把1組　a：寬16mm×長40cm、b：寬7mm×長35cm
✗ 密度⋯10cm正方形短針＝a：12針×11段、b：14針×15段
✗ 完成尺寸⋯a：寬27.5cm、高16cm　b：寬23.5cm、高12cm

鉤織重點

輪狀起針從袋底中心開始，依序鉤織立起針的1針鎖針、6針短針，再
挑第1針引拔。第2段之後，每一段加6針，鉤至11段。接續鉤織18段不
加減針的短針66針，構成袋身。參照P.45進行鎖針接縫，完成漂亮的收
尾。

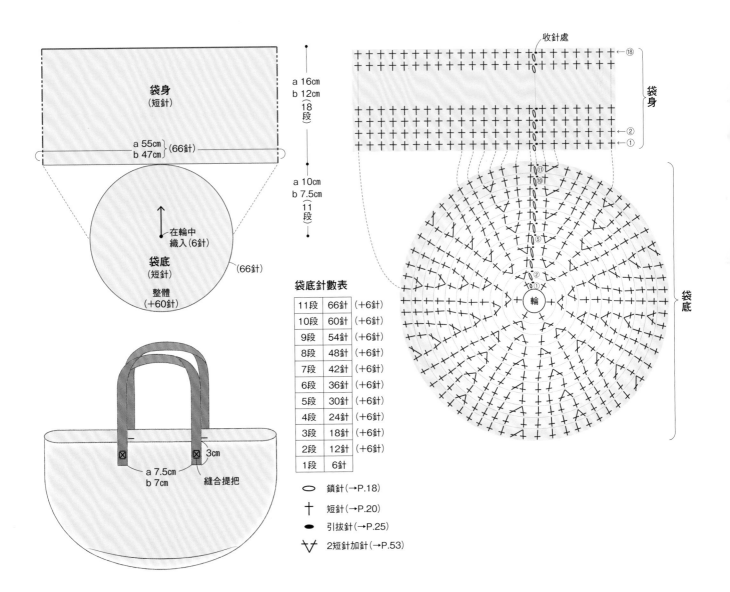

袋身
（短針）

a 55cm
b 47cm （66針）

a 16cm
b 12cm
（18
段）

a 10cm
b 7.5cm
（11
段）

在輪中
織入（6針）

袋底
（短針）

整體
（＋60針）

（66針）

收針處

袋身

袋底

輪

袋底針數表

11段	66針	（＋6針）
10段	60針	（＋6針）
9段	54針	（＋6針）
8段	48針	（＋6針）
7段	42針	（＋6針）
6段	36針	（＋6針）
5段	30針	（＋6針）
4段	24針	（＋6針）
3段	18針	（＋6針）
2段	12針	（＋6針）
1段	6針	

◯ 鎖針（→P.18）

十 短針（→P.20）

● 引拔針（→P.25）

Ｖ 2短針加針（→P.53）

a 7.5cm
b 7cm

3cm

縫合提把

✳ 花樣織片杯墊

學會輪狀起針後，就能鉤織各種形狀的花樣織片了！
造型簡單的花樣織片可當作杯墊使用，
不妨作為練習，以各式各樣的織線編織看看吧！

設計／遠藤ひろみ
製作／夢野 彩
線材／1：Rich More Mohair Hardi、2 Hamanaka Amerry、
3 Hamanaka Paume Cotton Linen

鉤織兩片相同的花樣織片，沿周邊
縫合就完成了小巧可愛的零錢包。

【花樣織片杯墊織法】

✗線材⋯1：Rich More Mohair Hardi 灰色（3）
　2：Hamanaka Amerry 藍色（11）
　3：Rich More Mohair Hardi 白色（201）
✗針號⋯1・2：6/0號鉤針　　3：5/0號鉤針
✗完成尺寸⋯參照織圖

鉤織重點

三款皆是從中心開始進行輪狀起針，鉤織立起針的鎖針3針，分別依織圖組合長針與鎖針，鉤織3段即完成。前段為鎖針的部分，挑束（參照P.57）鉤織長針。花樣織片的收針參照P.45，進行鎖針接縫

a（正方形）：第2・3段的長針，要注意的是挑前段長針針頭，有的挑鎖針束鉤織。

b（六角形）：第2段的鉤織終點，是挑立起針的鎖針第3針半針與裡山鉤引拔。接著再挑鎖針束鉤引拔針，移動第3段立起針的位置後繼續鉤織。

c（圓形）：第1段的鉤織終點，是挑立起針的鎖針第3針半針與裡山鉤引拔。接著再挑鎖針束鉤引拔針，移動第2段立起針的位置後繼續鉤織。

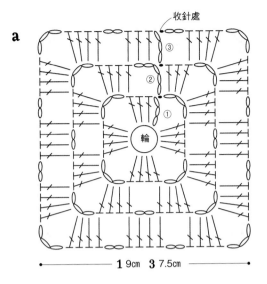

a

收針處

● 1 9cm　3 7.5cm

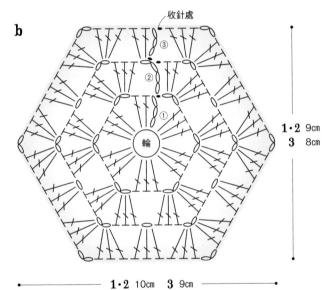

b

收針處

1・2 9cm
3 8cm

● 1・2 10cm　3 9cm

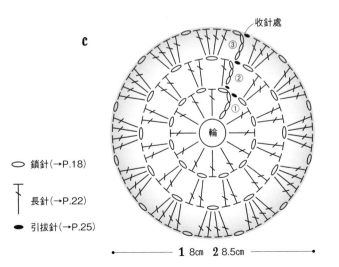

c

收針處

○ 鎖針（→P.18）

┬ 長針（→P.22）

● 引拔針（→P.25）

● 1 8cm　2 8.5cm

51

STEP 3
基本針法的組合變化

讓我們更進一步,學會基本針法的變化,拓展鉤織作品的範圍吧!

請不要覺得針法記號那麼多,根本記不住!

其實針目記號具有一定的規則,

只要稍微在織法上找到竅門就可以了。

若是靜下心來仔細看清楚,就會明白其實一點都不難。

而那些如同暗號一樣的針目記號,看起來似乎也有點熟悉對吧!

只要能夠理解這個單元裡出現的針目記號,

就代表你已經學會鉤針編織的基礎,

幾乎所有的鉤織作品都可以動手進行鉤織嘍!

織入複數針目（加針）

加針很簡單！
只要在前段的相同針目中，織入複數的針目即可。

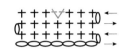 2短針加針

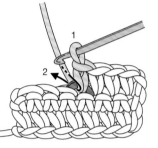 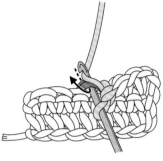 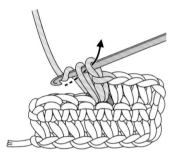 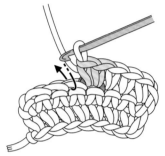

1 挑前段針目針頭的2條線，鉤織1針短針，再將鉤針穿入同一個針目。

2 鉤針掛線，鉤出1針鎖針高度的織線。

3 再鉤1針短針（針尖掛線，引拔掛在針上的2線圈）。

4 前段的同一針目織入2針短針（增加1針的狀態），繼續鉤織。

3短針加針

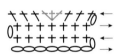 

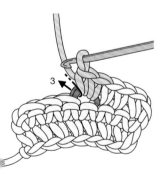 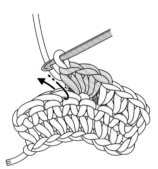

1 織入2針短針後，在相同針目再鉤1針短針。

2 在同一針目織入3針短針（增加2針的狀態），繼續鉤織。

2短針加針
（中間鉤1鎖針）

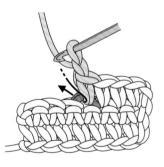 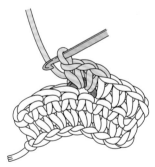

1 織入1針短針後，接著鉤織1針鎖針，在相同針目再鉤1針短針。

2 在同一針目織入「1針短針、1針鎖針、1針短針」（增加2針的狀態）。

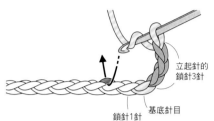 2長針加針
（挑針鉤織）

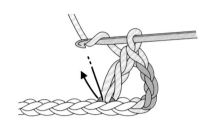

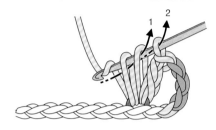

立起針的
鎖針3針

鎖針1針　基底針目

1 鉤針掛線，挑前段（此為起針）針目，鉤織長針。

2 鉤織1針長針後，鉤針再次掛線，穿入同一針目，鉤出2鎖針高度的織線。

3 鉤織長針（針尖掛線，分別引拔掛在針上的2個線圈，共引拔2次）。

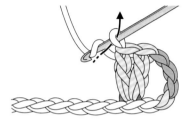

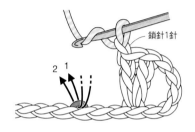

鎖針1針

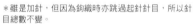

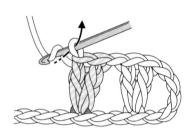

4 在同一針目織入2針長針（增加1針的狀態），接著鉤1針鎖針。

5 跳過前段（起針）的2針目，再次織入2長針加針。

＊雖是加針，但因為鉤織時亦跳過起針針目，所以針目總數不變。

6 完成第2次「2長針加針」的狀態，繼續鉤織。

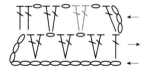 2長針加針
（挑束鉤織）

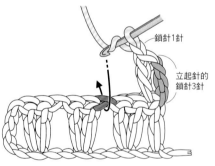

鎖針1針

立起針的
鎖針3針

1 鉤針掛線，穿入前段鎖針下方的空間（挑束）。

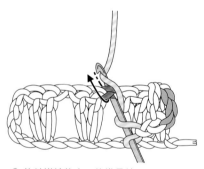

2 鉤針掛線鉤出，鉤織長針。

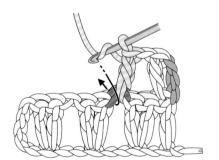

3 鉤織1針長針後，鉤針再次掛線，穿入同步驟 1 的位置，鉤織長針。

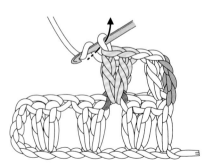

4 完成挑束鉤織的2長針加針，繼續鉤織。

2長針加針
（中間鉤1鎖針・挑針鉤織）

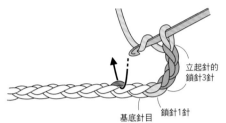

1 鉤針掛線，挑前段（此為起針）針目，鉤織長針。

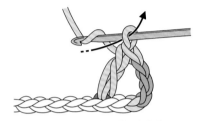

2 織入1針長針後，接著鉤織1針鎖針。

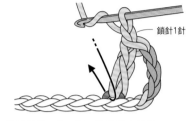

3 鉤針掛線，穿入同一針目鉤出織線。

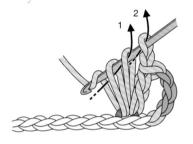

4 鉤織長針（針尖掛線後，分別引拔2線圈，共引拔2次）。

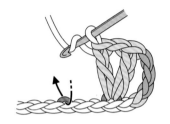

5 完成中間鉤1鎖針的2長針加針（增加2針的狀態），繼續鉤織。

＊雖是加針，但因為鉤織時亦跳過起針針目，所以針目總數不變。

6 完成第2次「2長針加針（中間鉤1鎖針）」。

2長針加針
（中間鉤1鎖針・挑束鉤織）

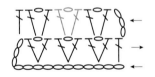

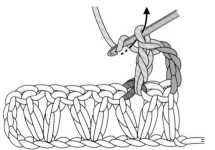

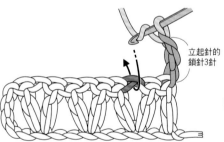

1 鉤針掛線，穿入前段鎖針下方的空間（挑束）。

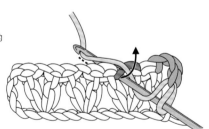

2 鉤針掛線鉤出，鉤織長針。

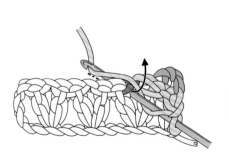

3 織入1針長針後，接著鉤織1針鎖針。

4 鉤針再次掛線，穿入同步驟 1 的針目鉤出織線，鉤織長針。

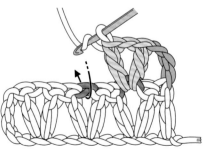

5 完成中間鉤1鎖針的挑束鉤織2長針加針，繼續鉤織。

2長針加針／2長針加針（中間鉤1鎖針）

3長針加針
（挑針鉤織）

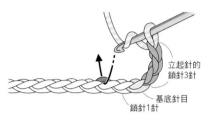

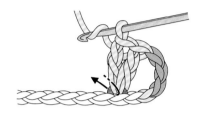

1 鉤針掛線，挑前段（此為起針）針目，鉤織長針。

2 織入1針長針後，鉤針再次掛線，在相同針目鉤織長針。

3 鉤針再次掛線，穿入同一針目鉤出織線。

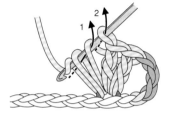

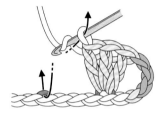

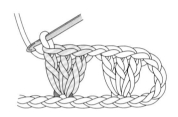

4 鉤織長針（針尖掛線後，分別引拔2條線，共引拔2次）。

5 完成3針長針加針（增加2針的狀態），接著鉤織1針鎖針，跳過前段（起針）的3個針目，挑針織入3針長針。

＊雖是加針，但因為鉤織時亦跳過起針針目，所以針目總數不變。

6 完成第2次「3長針加針」。

3長針加針
（挑束鉤織）

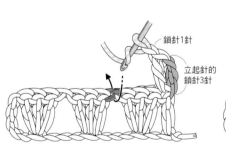

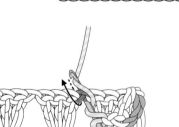

1 鉤針掛線，穿入前段鎖針下方的空間（挑束）。

2 鉤針掛線鉤出。

3 鉤織1針長針。

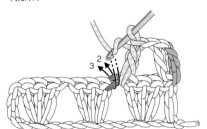

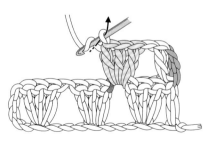

4 鉤針再次掛線，穿入同步驟 1 的位置，織入另外2針長針。

5 完成挑束鉤織的3長針加針，繼續鉤織。

針目記號說明……「挑針鉤織」&「挑束鉤織」

「加針」的針目記號可大致分成針腳密合與針腳分開兩種情形。
即使以相同的針法鉤織，加針情況還是會因為針腳密合或分開而大不同。

針腳密合時

鉤針穿入前段的1個針目鉤織。不管是哪種針目，針數有幾針都一樣，針腳密合的針目全都織入同一個針目裡。

這裡是重點！

針腳分開時

將前段的整條鎖針束挑起，鉤織針目。不管是哪種針目、針數有幾針，鉤織要領都一樣。

其他針法也通用

織入方式的差異，會以針目記號的根部密合或分開來表示，即使是玉針（→P.68～）或爆米花針（→P.98～）的標示方法也一樣。

・3長針的玉針

挑針鉤織　挑束鉤織

・5長針的爆米花針

挑針鉤織　挑束鉤織

什麼是「束」？？

「挑束鉤織」與「挑束」，都是將鉤針穿入前段鎖針下方的空間，挑起整條針目的鉤織方法。因為是鉤針編織經常出現的敘述方式，請務必牢牢記住。

挑束鉤織3針長針的模樣。

什麼是「分開針目」？？

所謂的「分開針目」，就是指鉤針穿入針目中的鉤織方法。主要表示挑鎖針的半針與裡山，但也有鉤針穿入針目針腳（參照P.66）挑2條線鉤織的情況。這是區別挑束鉤織時的常用敘述方式。

分開前段鎖針，穿入其中鉤織3針長針的模樣。

⋁ 2中長針加針
（挑針鉤織）

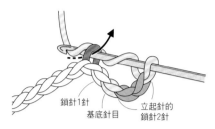

鎖針1針
基底針目
立起針的
鎖針2針

1 鉤針掛線，挑前段（此為起針）針目，鉤
針再次掛線，鉤出2鎖針高度的織線。

2 鉤織中長針（針尖掛線後，一次引拔掛在
針上的所有線圈）。

3 織入1針中長針後，鉤針再次掛線，穿入
同一針目。

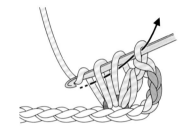

4 再鉤1針中長針。

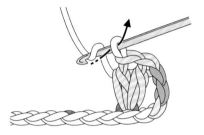

5 完成2中長針加針（增加1針的狀態），
繼續鉤織。

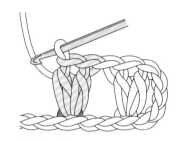

6 完成第2次「2中長針加針」。

＊雖是加針，但因為鉤織時亦跳過起針針目，所以針
目總數不變。

⋁ 2中長針加針
（挑束鉤織）

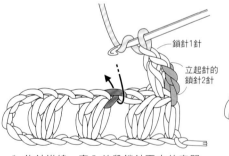

鎖針1針
立起針的
鎖針2針

1 鉤針掛線，穿入前段鎖針下方的空間
（挑束）。

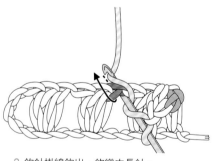

2 鉤針掛線鉤出，鉤織中長針。

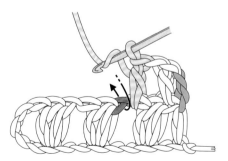

3 織入1針中長針後，鉤針再次掛線，穿入
同步驟 1 的位置，鉤織中長針。

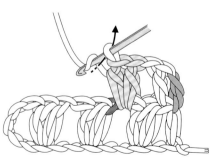

4 完成挑束鉤織的2中長針加針，繼續
鉤織。

∨ 3中長針加針
（挑針鉤織）

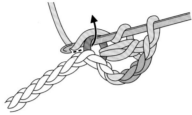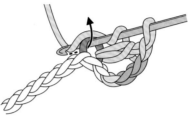

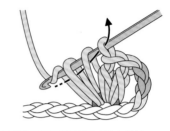

立起針的
鎖針2針

基底針目
鎖針1針

1 挑前段（此為起針）針目，鉤織中長針，鉤針再次掛線後，穿入同一針目。

2 鉤針掛線鉤出，鉤織中長針。

3 接著再於相同針目織入1針中長針。

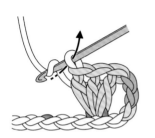

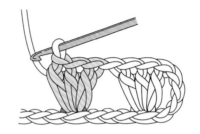

4 完成3中長針加針（增加2針的狀態），繼續鉤織。

5 完成第2次的「3中長針加針」。

＊雖是加針，但因為鉤織時亦跳過起針針目，所以針目總數不變。

∨∨ 3中長針加針
（挑束鉤織）

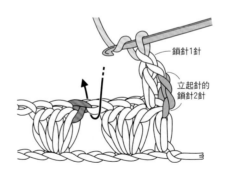

鎖針1針

立起針的
鎖針2針

1 鉤針掛線，穿入前段鎖針下方的空間（挑束）。

2 鉤針掛線鉤出，鉤織中長針。

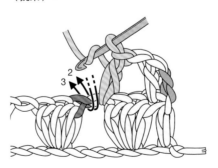

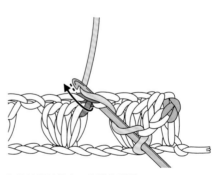

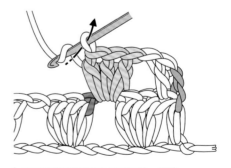

3 完成1針中長針後，鉤針再次掛線，穿入同步驟 1 的位置，織入另外2針中長針。

4 完成挑束鉤織的3中長針加針，繼續鉤織。

STEP 3

∨
∨
∨
∨

2中長針加針／3中長針加針

59

織入更多針目

無論織入多少針目，要領都一樣。
針目記號的針腳密合時就挑一針鉤織，針腳分開時則挑束鉤織。

 5長針加針
（挑針鉤織）

織入長針形成的扇形花樣，
看起來像是日本傳統的松樹花樣，
因此稱為「松編」。
（長針的針數不限於5針）

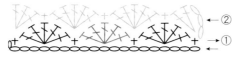

1 段

2 段

短針1針
立起針的
鎖針1針
鎖針2針

1 鉤織1針短針後，鉤針掛線，跳過起針的2個針目，挑針鉤織。

2 鉤出織線，織長針（針尖掛線後分別引拔2個線圈，共引拔2次）。

3 織入1針長針。接著在同一針目再鉤織另外4針長針。

鎖針2針

4 完成5長針加針。接著跳過起針的2個針目，挑針鉤織短針。

5 完成以「5長針加針」為主的1組花樣。以相同要領繼續鉤織。

6 完成2組花樣。

第2段

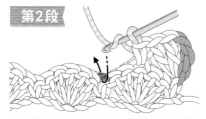

7 鉤織第2段，鉤針掛線，挑前段短針針頭的2條線。

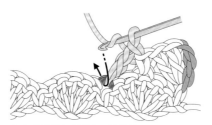

8 在前段的短針織入5針長針。

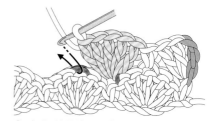

9 完成5針長針後，挑前段5長針的中央針目針頭，鉤織短針。

 5長針加針
（挑束鉤織）

①
②

1 鉤針掛線，穿入前段鎖針下方的空間。

2 鉤織5針長針。

3 鉤織短針時，同樣挑起前段的整個鎖針束，完成挑束鉤織的「5長針加針」。

4長針加針（中間鉤1鎖針）

在松編中間鉤入鎖針的花樣，
因為看起來很像貝殼，所以也稱為「貝殼編」。

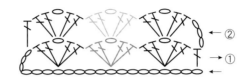

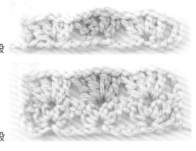

1 段

2 段

第1段　挑針鉤織

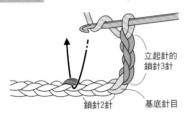

立起針的
鎖針3針

鎖針2針　基底針目

1 鉤針掛線，跳過起針的2針目，如圖示挑針。

1　2

2 鉤針掛線鉤出，鉤織長針（針尖掛線後分別引拔2個線圈，共引拔2次）。

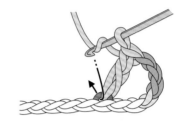

3 鉤針再次掛線，穿入相同針目鉤織長針。

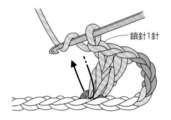

鎖針1針

4 織入2針長針後，鉤織1針鎖針，接著鉤針掛線，再次於同一針目挑針，鉤織長針。

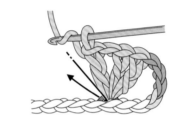

5 鉤針掛線，在同一針目再鉤1針長針。

6 完成中間鉤1鎖針的4長針加針。鉤針掛線，跳過起針的4個針目，繼續挑針鉤織。

第2段　挑束鉤織

立起針的
鎖針3針

7 鉤針掛線，穿入前段鎖針下方的空間（挑束）。

8 鉤針掛線鉤出。

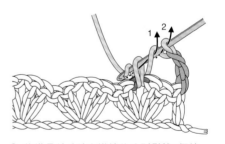

1　2

9 鉤織長針（針尖掛線後分別引拔2個線圈，共引拔2次）。

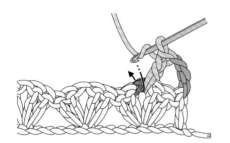

10 織入1針長針。鉤針掛線，接著同樣挑前段的整個鎖針束，鉤織長針。

11 完成2針長針後，接著鉤織1針鎖針。

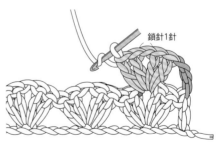

鎖針1針

12 繼續在相同位置鉤織2針長針。完成中間鉤1鎖針的挑束鉤織4長針加針。

合併複數針目（減針）

減少針目（併針）需要一點竅門。
將鉤織途中的複數針目（未完成的針目）合併成1針，作為減針。

2短針併針

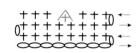

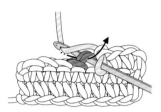 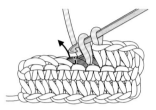 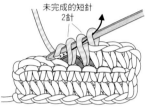 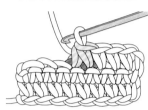

1 鉤針挑前段針目的針頭2條線穿入，掛線鉤出。

2 鉤出1鎖針高的織線（此狀態稱為「未完成的短針」），接下來鉤針直接穿入下一個針目，掛線鉤出。

3 鉤織2針未完成的短針，在此狀態下針尖掛線，一次引拔掛在針上的3個線圈。

未完成的短針2針

4 2針併成1針，完成「2短針併針」（減少1針的狀態）。

3短針併針

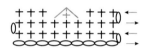

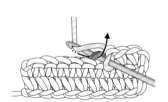 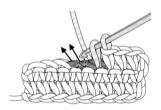 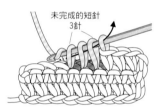 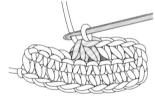

1 鉤針挑前段針目的針頭2條線穿入，掛線鉤出。

2 鉤出1鎖針高的織線（此狀態稱為「未完成的短針」），鉤針繼續在接下來的2個針目挑針，鉤出織線。

3 鉤織3針未完成的短針，在此狀態下針尖掛線，一次引拔掛在針上的4個線圈。

未完成的短針3針

4 3針併成1針，完成「3短針併針」（減少2針的狀態）。

2短針併針（跳過中央針目）

短針的針目比較密實，即使跳過中間的針目不鉤織，外觀上也看不太出來。但是可讓成品較輕薄鬆軟。

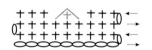

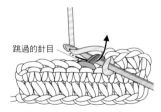 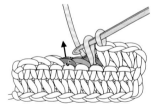 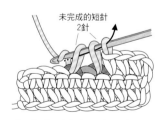 

1 鉤針挑前段針目的針頭2條線穿入，掛線鉤出。

跳過的針目

2 鉤出1鎖針高的織線（未完成的短針），跳過下一個針目，接著鉤針穿入第3個針目，鉤出織線。

3 鉤織2針未完成的短針，在此狀態下針尖掛線，一次引拔掛在針上的3個線圈。

未完成的短針2針

4 前段的3針併成1針，完成「2短針併針」（減少2針的狀態）。

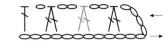 

2長針併針

1 鉤針掛線,挑前段(此為起針)針目。

2 鉤出2鎖針高的織線,針尖掛線後引拔掛在針上的前2個線圈。

3 此狀態稱為「未完成的長針」。接著鉤針掛線,在下一個針目挑針。

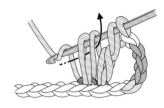

4 鉤出織線,針尖掛線後引拔前2個線圈,再次鉤好1針未完成的長針。

5 針尖掛線,一次引拔掛在針上的3個線圈。

6 2針併成1針,完成「2長針併針」(減少1針的狀態)。

7 接著鉤織2針鎖針,重複步驟1~6,繼續鉤織。

*雖是減針,但因為鉤織鎖針取代了減針的針目,因此針目總數不變。

8 完成第2次的2長針併針。

3長針併針

1 鉤織1針未完成的長針(挑針鉤出織線,針尖掛線引拔前2個線圈)。鉤針再次掛線,穿入下一個針目。

2 鉤織未完成的長針。

3 下一針同樣鉤織未完成的長針,針尖掛線後,一次引拔掛在針上的4個線圈。

4 3針併成1針,完成「3長針併針」(減少2針的狀態),繼續鉤織。

5 接著鉤織3針鎖針,重複步驟1~3,繼續鉤織。

*雖是減針,但因為鉤織鎖針取代了減針的針目,因此針目總數不變。

6 完成第2次的3長針併針。

人 2中長針併針

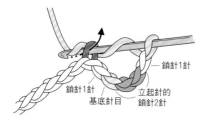
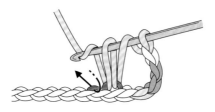
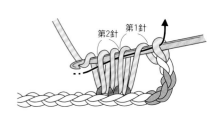

1 鉤針掛線，挑前段（此為起針）針目，鉤出2鎖針高的織線。

鎖針1針
鎖針1針
基底針目
立起針的鎖針2針

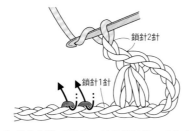

2 此狀態稱為「未完成的中長針」。鉤針再次掛線，在下一個針目挑針。

第2針 第1針

3 鉤出2鎖針高的織線（未完成的中長針第2針），針尖掛線，一次引拔掛在針上的5個線圈。

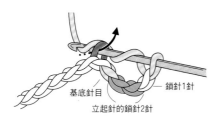

4 2針併成1針，完成「2中長針併針」（減少1針的狀態），繼續鉤織。

鎖針2針
鎖針1針

5 接著鉤織2針鎖針，鉤針掛線後，重複步驟1～3繼續鉤織。

＊雖是減針，但因為鉤織鎖針取代了減針的針目，因此針目總數不變。

6 完成第2次「2中長針併針」。

不 3中長針併針

1 鉤針掛線，挑前段（此為起針）針目，鉤出2鎖針高的織線。

基底針目
鎖針1針
立起針的鎖針2針

2 鉤織未完成的中長針。鉤針再次掛線，依箭頭指示挑針，鉤織另外2針未完成的中長針。

第3針 第2針 第1針

3 鉤織3針未完成的中長針後，針尖掛線，一次引拔掛在針上的7個線圈。

4 3針併成1針，完成「3中長針併針」（減少2針的狀態），繼續鉤織。

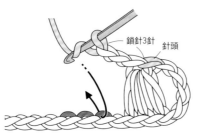

鎖針3針
針頭

5 鉤織3針鎖針，鉤針掛線後，重複步驟1～3，繼續鉤織。

＊併針（減針）針數越多，針頭與針腳錯開的距離會越大。

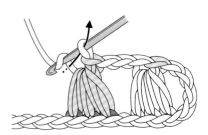

6 完成第2次「3中長針併針」。鉤織下一針後即可穩定針目。

＊雖是減針，但因為鉤織鎖針取代了減針的針目，因此針目總數不變。

合併更多針目

無論一次合併多少針目，或哪種針法，要領都一樣。
鉤織未完成的針目（參照P.66），再一次引拔。

4長針併針

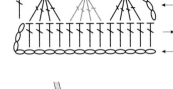

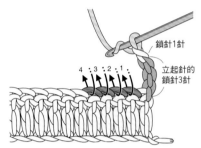

1 鉤針掛線，依序挑前段針目鉤織未完成
的長針。

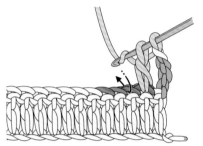

2 完成第1針未完成的長針。鉤針掛線，繼
續挑針鉤織。

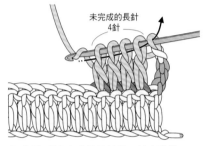

3 鉤織4針未完成的長針後，針尖掛線，一
次引拔掛在針上的5個線圈。

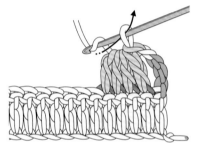

4 4針併成1針，完成「4長針併針」（減
少3針的狀態），鉤織下一針後即可穩定針
目。

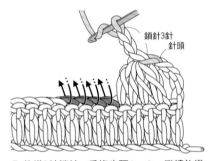

5 鉤織3針鎖針，重複步驟1～3，繼續鉤織。
＊雖是減針，但因為鉤織鎖針取代了減針的針目，因
此針目總數不變。

5長針併針

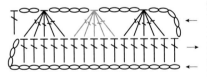

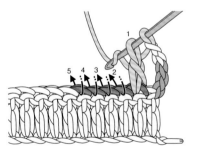

1 鉤針掛線，依序挑前段針目鉤織未完成
的長針。

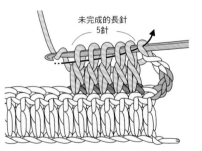

2 鉤織5針未完成的長針後，針尖掛線，一
次引拔掛在針上的6個線圈。

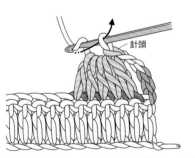

3 5針併成1針，完成「5長針併針」（減
少4針的狀態），鉤織下一針後即可穩定針
目。

STEP 3

2中長針併針／3中長針併針／4長針併針／5長針併針

65

來複習基本針法吧！

 ╋ 短針
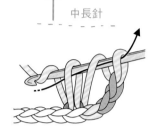 ┬ 中長針
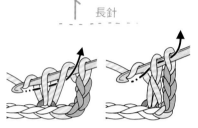 ┬ 長針

鉤織重點

鉤針穿入前段針目鉤出織線，針尖掛線後，引拔針上2個線圈。

鉤針先掛線，穿入前段針目鉤出織線，針尖掛線後，引拔針上3個線圈。

鉤針先掛線，穿入前段針目鉤出織線，針尖掛線後，分別引拔前2個線圈，共引拔2次。

針目的頭&腳

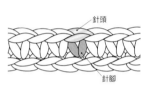 針頭 / 針腳 （背面）
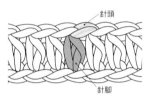 針頭 / 針腳
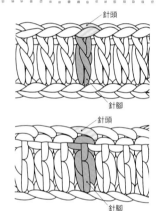 針頭 / 針腳
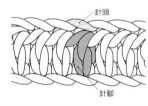 針頭 / 針腳

未完成的針目

鉤織針目進行最後的引拔前，針上除了掛著最初的線圈外，還掛著操作中的線圈，此狀態就稱為「未完成的針目」。是進行併針（減針）或鉤織玉針時使用的技巧。此外，在這個階段進行改換色線或接線，成品會更漂亮。

針目記號的基本法則
（以長針為例）

即使只有一種針目，也能變換出各種鉤織針法。
以下就是針目記號的各種基本變化。

長針　　3長針加針（挑針鉤織）（挑束鉤織）

3長針併針　3長針的玉針　5長針的爆米花針

長針的筋編・畝編　長針的引上針

╌╌╌ 織入複數針目（加針）╌╌╌
╌╌╌ 合併複數針目（減針）╌╌╌
╌╌╌ 改變鉤入位置 ╌╌╌

慣用左手的人

市面上的編織書都是以右手鉤織為前提，或許會出現「難道慣用左手的人就不能享受鉤織樂趣嗎？」的想法。可惜因為書籍篇幅有限，無法併記兩種方式，但是接下來將介紹慣用左手的織圖看法等，請務必作為參考。

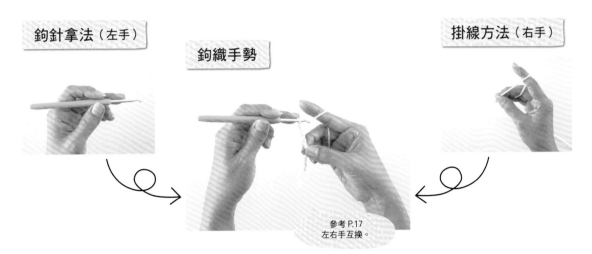

鉤針拿法（左手）　　鉤織手勢　　掛線方法（右手）

參考 P.17
左右手互換。

實際鉤織手勢

慣用左手的人，編織時是由左往右鉤織。不妨以鏡子照出使用右手的織法照片或織圖，只要對照鏡面，就能獲得適合左手的鉤織資訊。

・鉤織短針

・鉤織長針

織圖看法

由於改成從左往右鉤織，因此織圖也改為由左往右看。
要將一般織圖的鉤織方向逆向閱讀時，只要將立起針的位置左右互換即可。

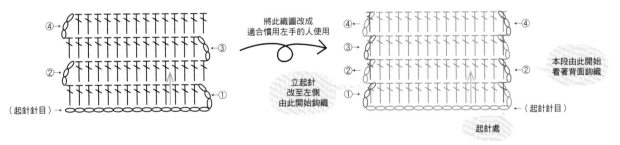

（起針針目）→

將此織圖改成
適合慣用左手的人使用

立起針
改至左側
由此開始鉤織

本段由此開始
看著背面鉤織

（起針針目）

起針處

左手鉤織的織片

慣用右手與慣用左手完成的織片，立起針的位置會左右相反，鉤織針目的方向也是左右相反。
使用一般毛線鉤織時，慣用右手者會朝著鬆開織線撚線的方向鉤織，相較之下，慣用左手者則是會一邊撚線一邊鉤織。因此完成的織片較為硬挺，顏色看起來也稍微深一點。

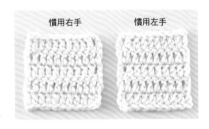

慣用右手　　慣用左手　　　　　慣用右手　　慣用左手

玉針

組合「加針」與「併針」的編織技巧，
就能完成渾圓飽滿，稱為「玉針」的針目。

3長針的玉針
（挑針鉤織）

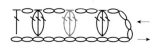

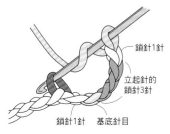

鎖針1針

立起針的
鎖針3針

鎖針1針　基底針目

1 鉤針掛線，挑前段（此為起針）針目。

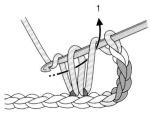

1

2 鉤出2鎖針高的織線，針尖掛線後引拔掛在針上的前2個線圈（未完成的長針）。

2
3

3 維持第1針的未完成狀態，鉤針掛線後，繼續在同一針目織入另外2針未完成的長針。

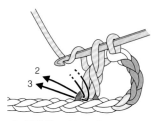

未完成的長針
3針

4 鉤織3針未完成的長針，針尖掛線，一次引拔掛在針上的4個線圈。

5 完成「3長針的玉針」。

鎖針2針

針頭

6 繼續鉤織。

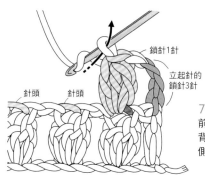

鎖針1針

立起針的
鎖針3針

針頭　針頭

7 鉤織下一段時，是挑前段的玉針針頭。從織片背面鉤織時，針頭位於左側，請注意別弄錯！

3長針的玉針
（挑束鉤織）

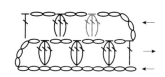

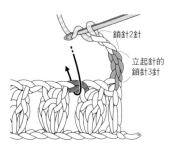

鎖針2針

立起針的
鎖針3針

1 鉤針掛線，穿入前段鎖針下方的空間（挑束）。

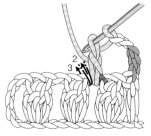

2
3

2 鉤針掛線鉤出，鉤織未完成的長針。以相同要領再鉤織另外2針未完成的長針。

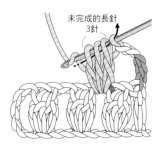

未完成的長針
3針

3 鉤織3針未完成的長針後，針尖掛線，一次引拔掛在針上的4個線圈。

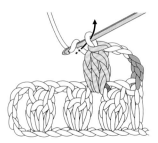

4 完成「3長針的玉針」。繼續鉤織。

3中長針的玉針（挑針鉤織）

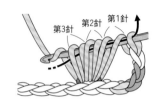

1 鉤針掛線，挑前段（此為起針）針目。

2 鉤針掛線，鉤出2鎖針高的織線（未完成的中長針）。

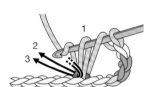

3 維持未完成的中長針狀態，鉤針再次掛線，繼續以相同要領鉤出織線2次。

4 鉤織3針未完成的中長針後，針尖掛線，一次引拔掛在針上的7個線圈。

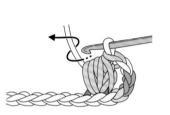

5 完成「3中長針的玉針」。鉤織下一針後即可穩定針目。

6 繼續以相同要領鉤織。完成的玉針也是針腳與針頭錯開位置的模樣。

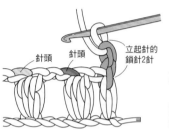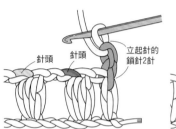

7, 8 鉤織下一段時，是挑前段的玉針針頭。從織片背面鉤織時，針頭位於左側，請注意別弄錯！

 3中長針的玉針（挑束鉤織）

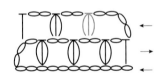

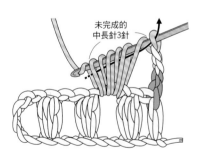

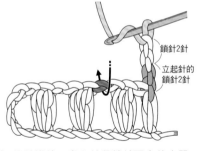

1 鉤針掛線，穿入前段鎖針下方的空間（挑束）。

2 鉤針掛線，鉤出2鎖針高的織線（未完成的中長針），鉤針再次掛線，繼續以相同要領鉤出織線2次。

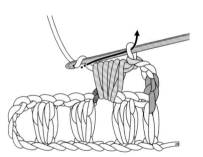

3 鉤織3針未完成的中長針後，針尖掛線，一次引拔掛在線上的7個線圈。

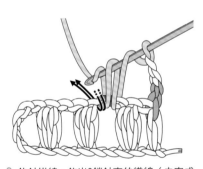

4 完成挑束鉤織的「3中長針的玉針」。鉤織下一針後即可穩定針目。

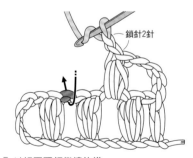

5 以相同要領繼續鉤織。

3中長針的變形玉針（挑針鉤織）

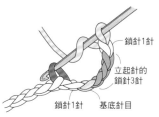

1 鉤針掛線，挑前段（此為起針）針目。

2 鉤針掛線，鉤出2鎖針高的織線（未完成的中長針），鉤針再次掛線，繼續以相同要領鉤出織線2次。

3 鉤織3針未完成的中長針後，針尖掛線，引拔掛在針上的前6個線圈（留下最右側的1個線圈）。

4 鉤針再次掛線，引拔掛在針上的2個線圈。

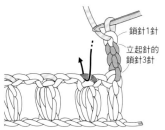

5 完成「3中長針的變形玉針」，繼續鉤織。

6 重複步驟1～4，以相同要領繼續鉤織。此玉針針頭與針腳並不會錯開。

7, 8 鉤織下一段時，挑「3中長針的變形玉針」的針頭。由於玉針的針腳與針頭並未錯開，因此玉針會並排於前段的正上方。

 ## 3中長針的變形玉針
（挑束鉤織）

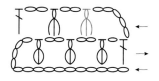

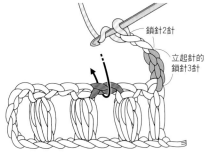

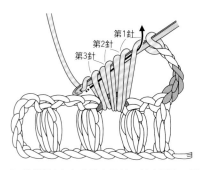

1 鉤針掛線，穿入前段鎖針下方的空間（挑束）。

2 鉤織3針未完成的中長針，針尖掛線，引拔掛在針上的前6個線圈（留下最右側的1個線圈）。

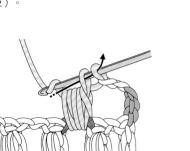

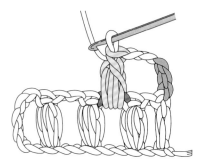

3 針尖再次掛線，引拔掛在針上的2個線圈。

4 完成挑束鉤織的「3中長針的變形玉針」。

2針也是玉針

將未完成的複數針目合併成1針的鉤織針法，稱為「玉針」。
因此，玉針的織入針目不限於3針，也有2針的玉針。
織法要領與3針的玉針相同。

2長針的玉針

1 在相同位置織入2針未完成的長針，針尖掛線後，一次引拔針上所有線圈。

2 完成「2長針的玉針」。

2中長針的玉針

1 在相同位置織入2針未完成的中長針，針尖掛線後，一次引拔針上所有線圈。

2 完成「2中長針的玉針」。

2中長針的變形玉針

1 在相同位置織入2針未完成的中長針，針尖掛線後，引拔前4個線圈（留下最右側的線圈）。

2 針尖再次掛線，引拔掛在針上的2個線圈。

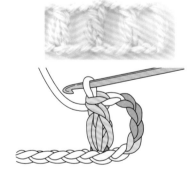

3 完成「2中長針的變形玉針」。

※無論是織入多少針的玉針，即使改變針目，基本上都是以相同的方式鉤織。在相同位置鉤織未完成的針目，一次引拔合併成1針。若要織入更多針目的玉針，請參考下一頁。

織入更多針目的玉針

鉤織玉針時，無論織入幾針、使用哪種針法，要領都一樣。

5長針的玉針
（挑針鉤織）

1 鉤針掛線，挑前段（此為起針）針目。

2 鉤針掛線鉤出，針尖掛線引拔掛在針上的2個線圈。

3 鉤織1針未完成的長針。鉤針掛線，繼續在相同針目挑針鉤織另外4針未完成的長針。

4 鉤織5針未完成的長針後，針尖掛線，一次引拔掛在針上的6個線圈。

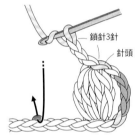

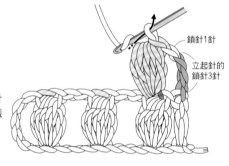

5 完成「5長針的玉針」。

6 重複步驟至1～4，繼續以相同要領鉤織。

7 鉤織下一段時，是挑前段的玉針針頭。從織片背面鉤織時，針頭位於左側，請注意別弄錯！

5長針的玉針
（挑束鉤織）

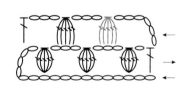

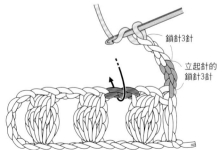
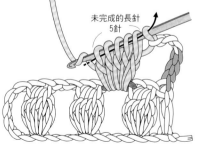
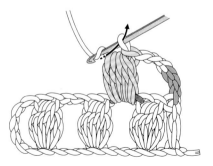

1 鉤針掛線，穿入前段鎖針下方的空間（挑束）。

2 鉤織5針未完成的長針，針尖掛線後，一次引拔掛在針上的6個線圈。

3 完成挑束鉤織的「5長針的玉針」。

織片的正面＆背面

鉤針編織除了部分針目（引上針・爆米花針）之外，鉤法本身並沒有正反面的區別。因此，往復編是每一段交互並排著針目的正面與背面，輪編則是只並排著針目正面（或背面）。

往復編（平面編）　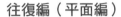 每段輪流在正反面鉤織

短針　　　　　　　　　長針

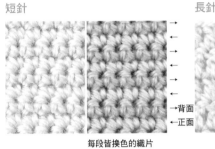

每段皆換色的織片　　　每段皆換色的織片

針目正面的織線平滑順暢，織片外觀也是光滑的感覺。背面則有許多細短的渡線，橫向排列的渡線也很顯眼，因此相較於正面，織片背面看起來凹凸不平。背面的針目具有立體感，所以也可以有效活用這種外觀。特別是織入針數很多的玉針等，這種特徵也格外顯著。

輪編　始終在正面鉤織

短針　　　　　　　　　長針　　　　　　　　　5 長針的玉針

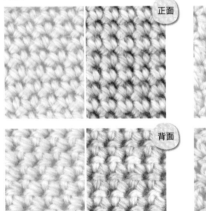
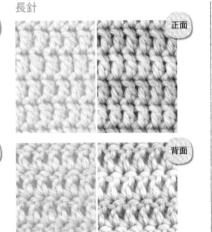

背面渾圓飽滿的玉針

針目斜行

針目的針頭會往針腳的右上傾斜。因此鉤織輪編等相同方向的織片時，下一段就會稍微往右邊偏移。一直以相同針法持續朝相同方向鉤織時，每一段都會呈現些微偏斜的現象（稱為「斜行」）。這是針目的特徵，所以無法避免，為了解決這種情況，即使是進行輪編的鉤織，也可以使用每段改變鉤織方向的往復編來操作。

短針　　　　　　　　　長針

（在1針中央加上粉紅色線記號的模樣。）

結粒針（裝飾針）

編織鎖針時多加一點巧思，就能織成渾圓可愛的裝飾（結粒針）。
無論鎖針的針數有幾針，要領都一樣。

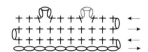 3鎖針的結粒針

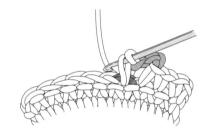

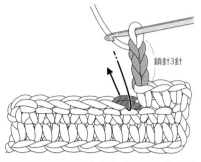

1 鉤織短針後，接著鉤織3針鎖針，挑前段的下一個針目。

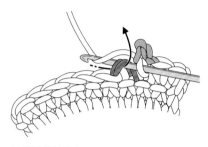

2 鉤針掛線鉤出。

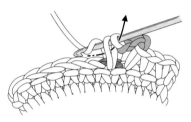

3 鉤出1鎖針高的織線。

4 針尖掛線，引拔掛在針上的2個線圈（鉤織短針）。

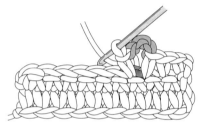

5 完成「3鎖針的結粒針」，成為高度較低的結粒針。

 3鎖針的短針結粒針

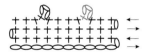

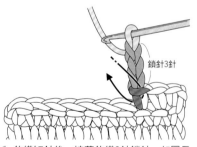

1 鉤織短針後，接著鉤織3針鎖針，如圖示挑短針針頭的內側半針與針腳1條線。

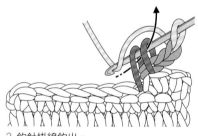

2 鉤針掛線鉤出。

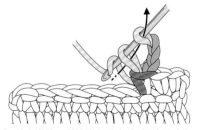

3 針尖掛線，引拔掛在針上的2個線圈（鉤織短針）。

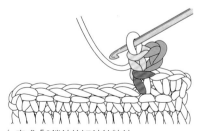

4 完成「3鎖針的短針結粒針」。

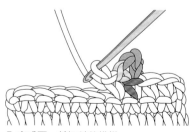

5 完成下一針短針的模樣。

3鎖針的引拔結粒針
（在短針上鉤織）

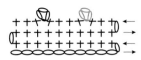

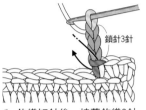

1 鉤織短針後，接著鉤織3針鎖針，挑短針針頭的內側半針與針腳1條線。

2 針尖掛線，依箭頭指示引拔。

3 完成「3鎖針的引拔結粒針」，繼續鉤織。

4 完成下一針短針的模樣。

3鎖針的引拔結粒針（在長針上鉤織）

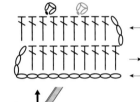

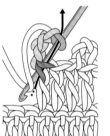

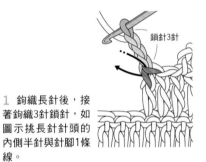

1 鉤織長針後，接著鉤織3針鎖針，如圖示挑長針針頭的內側半針與針腳1條線。

2 針尖掛線，依箭頭指示引拔。

3 完成在長針針頭上鉤織的「3鎖針的引拔結粒針」。

3鎖針的引拔結粒針（在鎖針上鉤織）

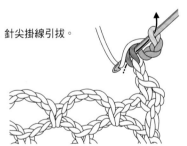

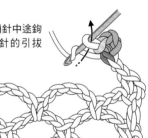

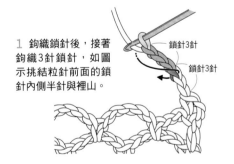

1 鉤織鎖針後，接著鉤織3針鎖針，如圖示挑結粒針前面的鎖針內側半針與裡山。

2 針尖掛線引拔。

3 完成在鎖針中途鉤織的「3鎖針的引拔結粒針」。

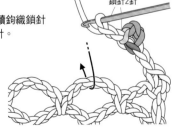

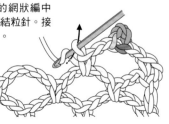

4 繼續鉤織鎖針與短針。

5 在鎖針的網狀編中央，完成了結粒針。接著繼續鉤織。

試著鉤織作品吧！

學習到這個階段，已經可以鉤織許多織品嘍！

✳ 鏤空桌巾

組合鎖針鉤織的網狀編與玉針，
就能作出如此甜美可愛的花樣。

設計／遠藤ひろみ
線材／Daruma手織線 Hidamari Organic

織法… **P.78**

✳ 花樣織片的拼接領片

以左頁鏤空桌巾的中心2段作為花樣織片，
一邊引拔拼接成領片的形狀。
若是拼接更多織片，就能織成大型披肩。

設計／遠藤ひろみ
製作／夢野 彩
線材／PUPPY Boboli

織法… **P.79**

【鏤空桌巾織法】 Photo…P.76

× 線材…Daruma手織線 Hidamari Organic 粉紅色（8）10g　× 針號…5/0號鉤針　× 完成尺寸…直徑17.5cm

鉤織要點

鉤織6針鎖針，接合成圈作為輪狀起針。

第1段…鉤織立起針的3針鎖針，再織1針長針。接著鉤織4針鎖針，挑第1針鎖針的半針與裡山，鉤織1針長針。在起針的鎖針上挑束鉤織2長針的玉針。以相同要領繼續鉤織，鉤織終點是挑第1針長針的針頭引拔。

第2段…鉤織立起針的1針鎖針，在前段第1針的長針針頭（同第1段最後引拔的位置）挑針鉤1針短針。接著鉤織6針鎖針，挑前段2長針玉針的針頭，鉤1針短針。以相同要領繼續鉤織，鉤織終點是在3針鎖針後，挑第1針短針的針頭織1針長針。

第3段…鉤織立起針的3針鎖針，在前段鉤織終點的長針針腳，挑束鉤織2長針的玉針。接著鉤5針鎖針，在前段的鎖針上挑束鉤織3針的玉針、4針鎖針、3長針的玉針。一邊鉤織，一邊留意鎖針針數與玉針的鉤織位置。鉤織終點是完成玉針後，織1針鎖針，在第1個2長針玉針的針頭挑針鉤織1針長針。

第4段…鉤織立起針的1針鎖針，在前段鉤織終點的長針針腳，挑束鉤織1針短針、3針鎖針、1針短針（3鎖針的結粒針）。接著鉤織5針鎖針，在前段的5鎖針上挑束鉤織短針，以相同要領繼續進行。鉤織終點是完成2針鎖針後，挑第1針短針的針頭鉤織長針。

第5段…鉤織7針鎖針（立起針3針＋4針）後，在前段鉤織終點的長針針腳，挑束鉤織1針長針。依織圖進行鉤織，鉤織終點是完成1針鎖針後，挑立起針第3針的鎖針引拔。接著在鎖針上挑束鉤織引拔針，移動立起針的位置。

第6段…鉤織立起針的鎖針3針，在前段的鎖針上挑束鉤織2長針的玉針，接著重複鉤織4針鎖針與3長針的玉針。鉤織終點是挑第1個2長針玉針的針頭引拔。接著在鎖針上挑束鉤織引拔針，移動立起針的位置。

第7段…鉤織立起針的1針鎖針，接著鉤1針短針、3針鎖針、1針短針、4針鎖針，鉤織終點是挑第1針的短針引拔。

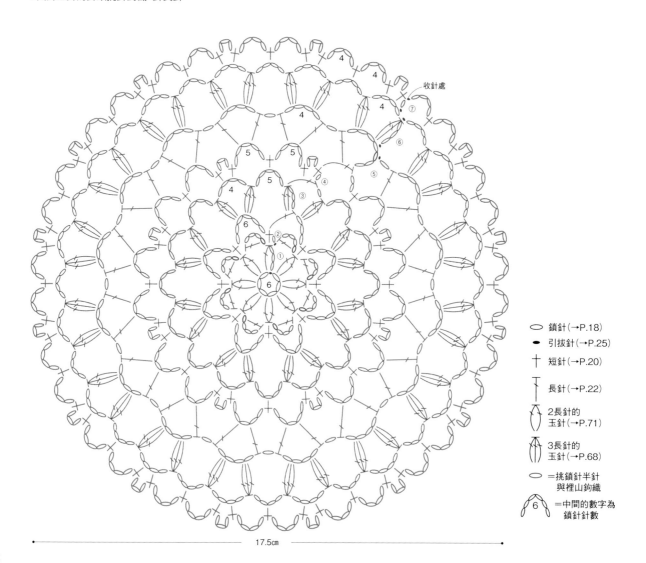

收針處

鎖針（→P.18）

引拔針（→P.25）

短針（→P.20）

長針（→P.22）

2長針的玉針（→P.71）

3長針的玉針（→P.68）

＝挑鎖針半針與裡山鉤織

6 ＝中間的數字為鎖針針數

17.5cm

【花樣織片的拼接領片織法】

Photo…P.77

× 線材…PUPPY Boboli 灰色（434）55g
× 針號…6/0號鉤針
× 織片尺寸…直徑5.5cm
× 完成尺寸…長66cm、寬16cm

鉤織要點

織片作法同P.78鏤空桌巾的第1、2段，以相同要領鉤織。
第2片開始，在鉤織第2段的同時，一邊以引拔針拼接相鄰的花樣織片（→P.126）。
鉤至第11片花樣織片時，中途要鉤織鎖針12針的釦袢。參照圖示拼接34片花樣織片。以短針鉤織鈕釦後，固定在第1片花樣織片上。

本體
（拼接花樣織片）

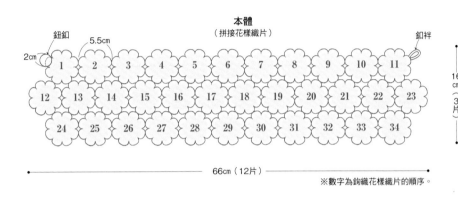

鈕釦　2cm

5.5cm

釦袢

16cm（3片）

66cm（12片）

※數字為鉤織花樣織片的順序。

鈕釦　1個

收針處
※預留約20cm的線長

輪

※將預留的線頭穿針，一一挑縫最終段
所有針目的針頭，縮口至一半時填入
零碎線段，束緊後縫於指定位置。

本體
（拼接花樣織片）

鈕釦位置

釦袢
（鎖針12針）

⊃ 鎖針（→P.18）
● 引拔針（→P.25）
十 短針（→P.20）
十 長針（→P.22）
2長針的玉針（→P.71）
⊃＝挑鎖針半針與裡山鉤織
◤＝剪線

79

✳ 三角披肩

鎖針的網狀編與大量結粒針的組合。
以圓潤小巧的結粒針，打造出女孩氣息的甜美氛圍。
緣編的扇形邊飾亦是這件可愛作品的重點。

設計／遠藤ひろみ
線材／Hamanaka Sonomono Tweed

【三角披肩織法】

x 線材⋯Hamanaka Sonomono Tweed　原色（71）180g
x 針號⋯6/0號鉤針
x 密度⋯10cm正方形花樣編＝22針×13段
x 完成尺寸⋯長116cm、寬51cm

鉤織要點

本體⋯鎖針起針249針。接著鉤織第1段的5針鎖針，挑起針的鎖針裡山鉤織1針短針、3針鎖針的引拔結粒針、4針鎖針。跳過起針的3個針目，挑針鉤織短針，以相同要領繼續鉤織。第1段的鉤織終點是完成2針鎖針後，鉤織1針長針，接著鉤織下一段的5針鎖針，再將織片翻面。

第2段起，在前段的鎖針上挑束鉤織短針、3鎖針的引拔結粒針、4針鎖針後，繼續進行。各段終點皆是完成2針鎖針後，挑前段第3針鎖針的半針與裡山鉤織長針，鉤織下一段的5針鎖針後，才將織片翻面。

以相同要領鉤至61段。第62段是鉤5針鎖針，挑前段第3針鎖針的半針與裡山引拔後剪線。

緣編⋯在本體第1段右側邊端的第3個鎖針上，挑半針與裡山接線（→P.82），鉤織1針鎖針的立起針、1針短針。接著挑本體長針針頭的2條線，鉤織1針長針、1針鎖針、再相同位置鉤入1針長針⋯⋯直到扇形完成。以相同要領繼續在本體的長針針頭或鎖針上挑針，鉤織一圈緣編。轉角上的針數不同，需留意。收針處是挑緣編鉤織起點的短針針頭引拔。

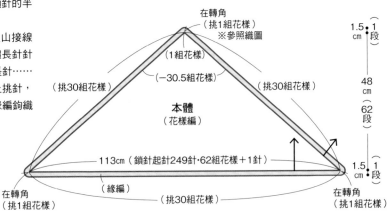

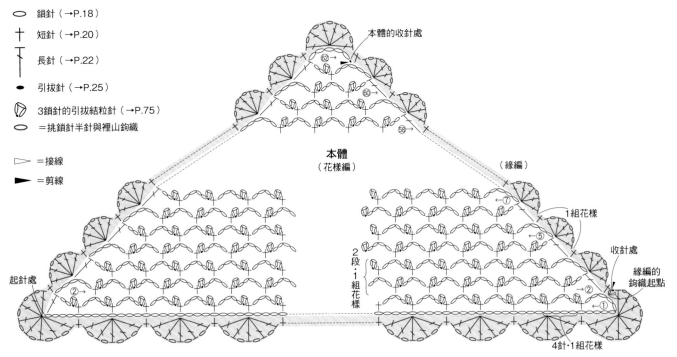

緣編的織法（挑針方法）

鉤織緣編時，可說是在織好的織片上鉤織其他織片，
因此挑針鉤織的情形十分常見。
基本上可分為分開織片針目挑針，與挑束鉤織（→P.57）兩種情形。
該採用哪一種挑針方法，則是依據織片來選擇，如此就能完成美麗的作品。

接線

在針目密實的織片上挑針

在針目密實的織片上挑針鉤織緣編時，基本上要分開針目挑針（若挑束鉤
織，挑針位置易形成空隙）。

在段上挑針時

由針目側邊（段側）挑針時，要分開針目挑針。

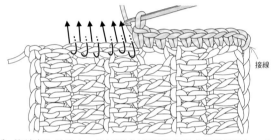

接線

1 鉤針穿入針目中，挑針腳或針頭的2條線（分開針目），鉤織短針。

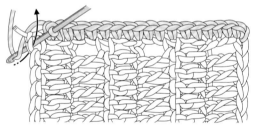

2 織片上方的轉角，則是挑本體長針針頭的2條線鉤織短針。

在針目上挑針時

由本體最終段挑針時，通常是挑針目的針頭2條線。由起針針目挑針時，則是在鉤織本體針目後餘下的針目織線挑針鉤織。

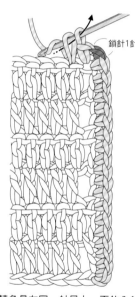

鎖針1針

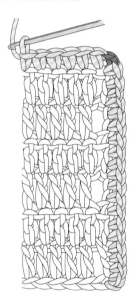

3 轉角是在同一針目上，再鉤入1針鎖針與1針短針（也可能是鉤織3針短針），之後繼續挑本體針目的針頭2條線鉤織短針。

4 在段上挑針＆在針目上挑針的模樣。

何謂「接線」？

這是在織片接上新線，開始鉤織的方法。

1 在接線位置穿入鉤針。

2 鉤針掛新線後鉤出。

3 鉤出新線的狀態。鉤針再次掛線引拔。

4 完成接線。用力拉線頭收緊針目，再將新線的線頭包覆鉤織藏入即可。

在具有密實針目 &
鏤空部分的織片上挑針時

由方眼編之類，混合了密實針目與鏤空花樣的織片挑針時，緣編也要組合運用「分開」與「挑束」的方法進行挑針。

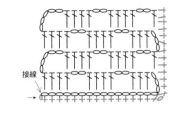

接線 →

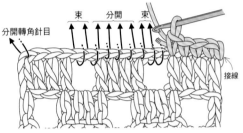

束　分開　束

分開轉角針目

接線

1 在起針針目的另一側挑針時，是挑鉤織主體針目餘下的起針織線（分開起針針目）進行鉤織。起針鎖針完整保留的部分，則是將整條鎖針挑束鉤織。

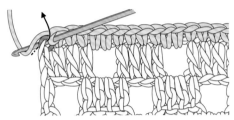

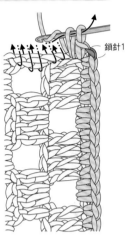

鎖針1針

2 轉角是分開針目挑針，避免緣編錯位，挑鎖針的半針與裡山鉤織。

3 接著在轉角的同一針目上，再鉤入1針鎖針與1針短針。之後的織段側也是繼續組合分開針目與挑束鉤織的方法挑針。

在鏤空織片上挑針時

由網狀編之類整體鏤空的織片挑針時，無論是在針目上或段上，都是挑束鉤織。但轉角則是分開針目挑針，避免錯位。

接線 →

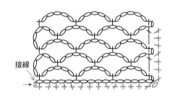

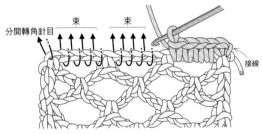

分開轉角針目

束　　束

接線

1 在鉤織起點的轉角分開針目接線，鉤織針目。接著依箭頭指示，挑起整條鎖針（挑束）鉤織。

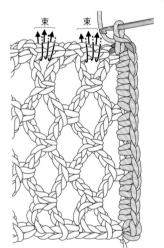

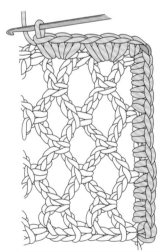

束　　束

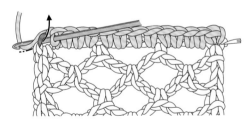

2 鉤織轉角時要分開針目挑針，避免緣編錯位。

3 段側同樣依箭頭指示，在整條邊端針目上挑束鉤織。

4 在邊端針目挑束鉤織短針的模樣。

進階技巧

在這個階段，一起來看看偶爾會出現的各種針法吧！

發現比較少見的針目記號時，請參閱本單元。

不同針法出現的頻率各有多寡，

但是只要學會STEP 3之前的基本織法，

無論哪種進階織法都難不倒你。

跟著分解步驟的插圖，靜下心來鉤織看看吧！

長長針

比長針多鎖針1針高度的針目。鉤針先掛線2次再鉤織。
「立起針」為鎖針4針，同時立起針也算作1針。
屬於長針的應用針目，記號上的 ╲ 數，代表鉤織針目之前鉤針掛線的次數。

  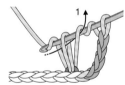  

1 鉤織「起針＋立起針4針」份的鎖針，鉤針先掛線2次，挑鎖針起針的邊端第2個針目。

2 針尖掛線，鉤出2鎖針高的織線。

3 針尖掛線，引拔掛在針上的前2個線圈。

4 鉤針再次掛線，引拔掛在針上的前2個線圈。

5 此狀態稱為「未完成的長長針」。鉤針再次掛線，引拔掛在針上的最後2線圈。

6 完成「長長針」。因為立起針計入1針，這樣就是鉤好2針了。

7 下一針也是鉤針先掛線2次，重複步驟1～6進行鉤織。

8 第2段是在第1段的鉤織終點鉤織立起針的4針鎖針後，將織片翻面。鉤針先掛線2次，在前段的第2針挑針鉤織。

9 完成1針長長針。因為立起針計入1針，這樣就是鉤好2針了。

三捲長針

比長長針多鎖針1針高度的針目。鉤針先掛線3次再鉤織。
「立起針」為鎖針5針，立起針也算作1針。
凡是長度大於此的針目，皆以最初掛線的次數為針目名稱。

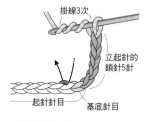 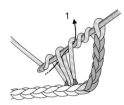 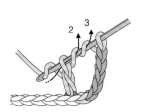 

1 鉤織「起針＋立起針5針」份的鎖針，鉤針先掛線3次，挑鎖針起針的邊端第2個針目。

2 掛線鉤出2鎖針高的織線。針尖掛線，引拔掛在針上的前2個線圈。

3 針尖再次掛線，引拔前2個線圈，針尖又一次掛線，再引拔2個線圈。

4 此狀態稱為「未完成的三捲長針」。針尖再次掛線後，引拔掛在針上的最後2線圈。

  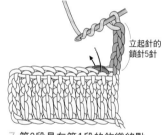 

5 完成「三捲長針」。因為立起針計入1針，這樣就是鉤好2針了。

6 下一針也是鉤針先掛線3次，重複步驟1～5進行鉤織。

7 第2段是在第1段的鉤織終點鉤織立起針的5針鎖針後，將織片翻面。鉤針先掛線3次，在前段的第2針挑針鉤織。

8 完成1針三捲長針。因為立起針計入1針，這樣就是鉤好2針了。

四捲長針

比三捲長針多鎖針1針高度的針目。鉤針先掛線4次再鉤織針目。
「立起針」為鎖針6針，立起針也算作1針。

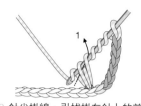

1 鉤織「起針針目＋立起針6針」份的鎖針，鉤針先掛線4次，挑鎖針起針的邊端第2個針目。

2 掛線鉤出 2 鎖針高的織線。

3 針尖掛線，引拔掛在針上的前2個線圈。

4 針尖再次掛線，引拔掛在針上的前2個線圈。接著重複2次。

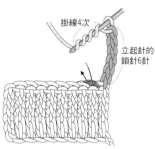
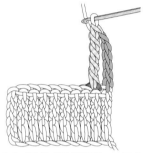

5 此狀態稱為「未完成的四捲長針」。針尖再次掛線，引拔掛在針上的最後2線圈。

6 完成「四捲長針」。因為立起針計入1針，這樣就是鉤好2針了。

7 第2段是在第1段的鉤織終點鉤織立起針的6針鎖針後，將織片翻面。鉤針先掛線4次，在前段的第2針挑針鉤織。

8 完成1針「四捲長針」。因為立起針計入1針，這樣就是鉤好2針了。

螺旋捲針

這是很少出現的特殊針法，也是有趣的針目。
在鉤針上繞線的次數則是依織法指示。

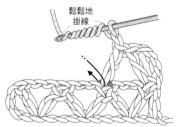
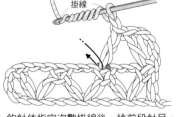
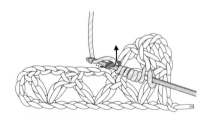

1 鉤針依指定次數掛線後，挑前段針目。

2 鉤針掛線鉤出。

3 針尖掛線，一次引拔鉤出的線圈與捲繞在針上的線圈。

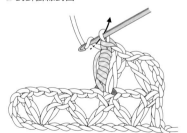
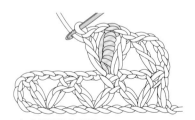

4 針尖掛線，引拔掛在針上的最後2線圈。

5 完成「螺旋捲針」。繼續進行鉤織。

6 完成線圈狀的針目。

畝編・筋編

只是在挑針方式花些心思，即使是相同的針目也可以產生變化。
無論畝編或筋編，針目記號都相同。

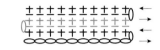

十 短針畝編

每段都是挑前段針頭的外側半針，以往復編進行。
由於織片會呈現田畝般一壟一壟的凹凸狀態，
因此稱為「畝編」。

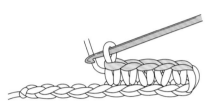

1 第1段鉤織普通的短針。

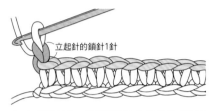

2 完成第1段，鉤織第2段立起針的鎖針1針，將織片翻面。

立起針的鎖針1針

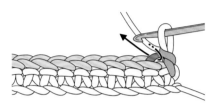

3 鉤針穿入前段邊端短針的針頭外側半針。

4 掛線鉤出。

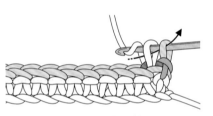

5 針尖掛線後引拔（鉤織短針）。

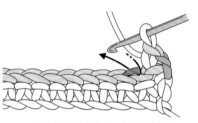

6 下一針同樣是挑前段針頭的外側半針。

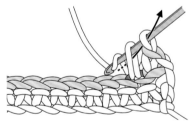

7 鉤織短針。

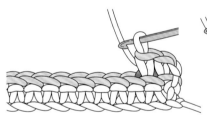

8 完成2針畝編的模樣。以相同要領挑前段針頭的外側半針，繼續鉤織。

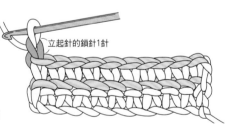

9 完成第2段，鉤織第3段立起針的鎖針1針，將織片翻面。

立起針的鎖針1針

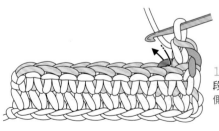

10 第3段織法同第2段，挑前段針頭的外側半針鉤織短針。

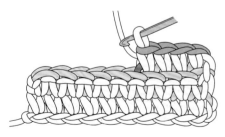

11 完成4針的模樣。

十 短針筋編（往復編）

挑前段針頭的外側半針鉤織針目，
面前的內側半針就會呈線條狀（筋）浮凸於織片上。
進行往復編（平面編）時，為了讓筋線統一出現在織片正面，
因此是每段交互在前段針頭的外側半針與內側半針挑針鉤織。

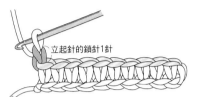

1 第1段鉤織普通的短針，鉤織第2段立起針的鎖針1針後，將織片翻面。

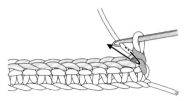

2 第2段是看著織片背面鉤織，鉤針挑前段邊端短針針頭的內側半針。

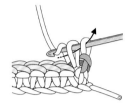

3 鉤織短針。

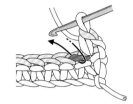

4 下一針同樣是挑前段針頭的內側半針。

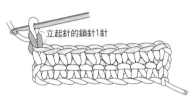

5 完成第2段之後，鉤織第3段立起針的鎖針1針，將織片翻面。

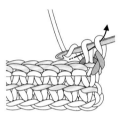

6 第3段是看著織片正面鉤織。挑前段邊端短針針頭的外側半針鉤織短針。

7 下一針同樣是挑前段針頭的外側半針鉤織短針。

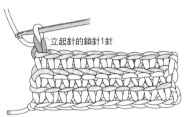

8 完成第3段之後，鉤織第4段立起針的鎖針1針，將織片翻面。讓針目的針頭半針留在織片正面，以此方式繼續進行鉤織。

十 短針筋編（輪編）

輪編時，因為是一直看著織片正面鉤織，
所以都是挑前段針目的外側半針鉤織針目。

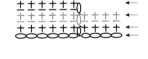

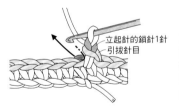

1 鉤織一圈短針後，引拔第1針短針的鎖狀針頭。接著鉤織第2段立起針的鎖針1針，挑前段第1針短針針頭的外側半針。

2 鉤織短針。

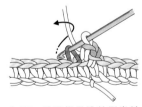

3 下一針同樣是挑外側半針鉤織短針。

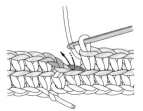

4 以相同要領挑外側半針，鉤織一圈短針。

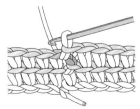

5 第2段的鉤織終點，同樣是引拔第1針短針的鎖狀針頭。

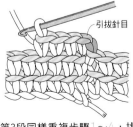

6 第3段同樣重複步驟1～4，挑前段的外側半針繼續鉤織。

各種筋編

以短針筋編的相同要領鉤織其他針目，也能織出筋編。

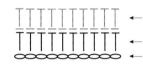 中長針筋編（輪編）

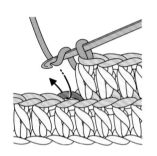

1 鉤針掛線，挑前段針頭的外側半針。

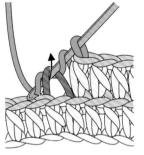

2 鉤針掛線鉤出。

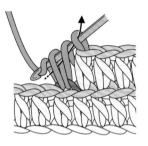

3 針尖掛線，一次引拔掛在針上的3個線圈（鉤織中長針）。

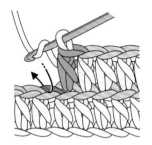

4 以相同要領繼續鉤織。

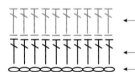 長針筋編（輪編）

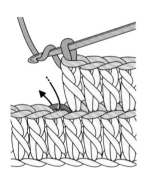

1 鉤針掛線，挑前段針頭的外側半針。

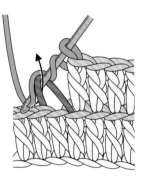

2 鉤針掛線鉤出。

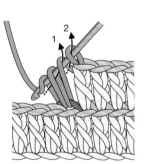

3 針尖掛線，引拔掛在針上的前2個線圈，鉤針再次掛線，引拔掛在針上的2個線圈（鉤織長針）。

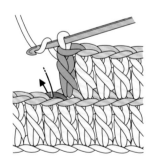

4 以相同要領繼續鉤織。

引上針

針目記號看起來感覺很難，事實上只是鉤針穿入的位置不同，鉤織方法和普通針目一模一樣。
（在針目記號彎鉤圈住的針目挑針，鉤針橫向穿入整個針目來進行鉤織。）
因為是宛如抬起下方針目（往上提）的鉤織方式，所以會形成具有立體感的針目狀態。
針目記號因為穿入鉤針的位置緣故，因此繪製的針腳長度通常會大於實際鉤織的長度。

表引短針

＊從背面看則是「裡引上針」。

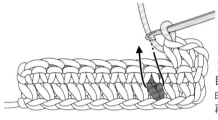

1 宛如挑起前前段針
目的整個針腳，鉤針
由內往外橫向穿入，
再穿出至內側。

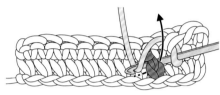

2 鉤針掛線，鉤出長
長的織線。

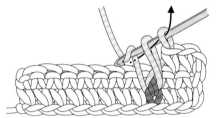

3 針尖掛線，引拔
掛在針上的2個線圈
（鉤織短針）。

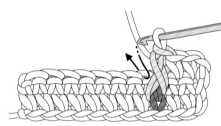

4 完成1針「表引短
針」。跳過引上針後
方的前段1針，在下
一個針目挑針鉤織。

裡引短針

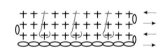

＊從背面看則是「表引上針」。

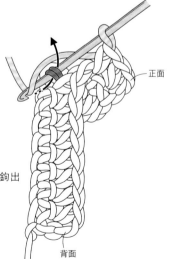

1 宛如挑起前前段針目的整個針腳，鉤針
由外往內橫向穿入，再穿出至外側。

正面

2 鉤針掛線，鉤出
長長的織線。

背面

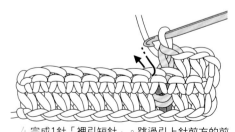

3 針尖掛線，引拔掛在針上的2個線圈（鉤織
短針）。

4 完成1針「裡引短針」。跳過引上針前方的前
段1針，在下一個針目挑針鉤織。

表引中長針

＊從背面看是則是「裡引上針」。

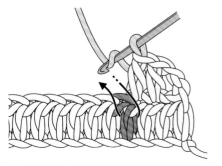

1 鉤針掛線，宛如挑起前段針目的整個針腳，鉤針由內往外橫向穿入，再穿出至內側。

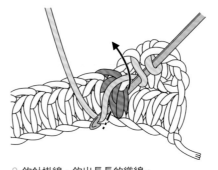

2 鉤針掛線，鉤出長長的織線。

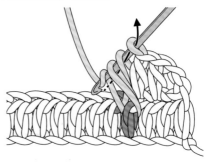

3 針尖掛線後，一次引拔掛在針上的所有線圈（鉤織中長針）。

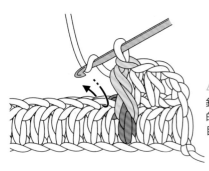

4 完成1針「表引中長針」。跳過引上針後方的前段1針，在下一個針目挑針鉤織。

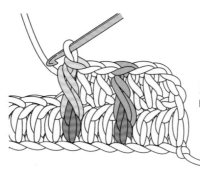

5 完成第2次表引中長針的模樣。

裡引中長針

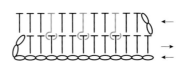

＊從背面看是則是「表引上針」。

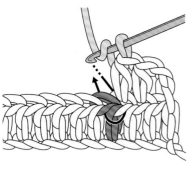

1 鉤針掛線，宛如挑起前段針目的整個針腳，鉤針由外往內橫向穿入，再穿出至外側。

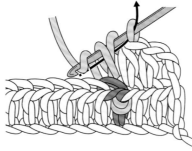

2 鉤針掛線，鉤出長長的織線，針尖掛線後，一次引拔掛在針上的所有線圈（鉤織中長針）。

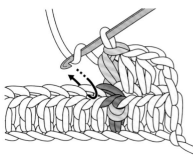

3 完成1針「裡引中長針」。跳過引上針前方的前段1針，在下一個針目挑針鉤織。

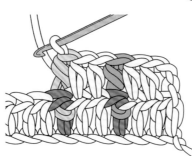

4 完成第2次裡引中長針的模樣。

表引長針

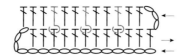

＊從背面看是則是「裡引上針」。

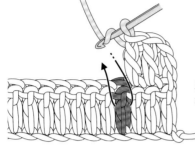

1 鉤針掛線，宛如挑起前段針目的整個針腳，如圖示由內往外橫向穿入。

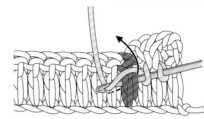

2 鉤針掛線，鉤出長長的織線。

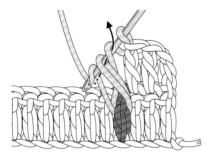

3 針尖掛線，引拔掛在針上的前2個線圈。

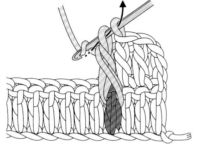

4 針尖再次掛線，引拔掛在針上的2個線圈（鉤織長針）。

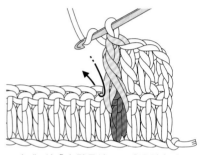

5 完成1針「表引長針」。跳過引上針後方的前段1針，在下一個針目挑針鉤織。

裡引長針

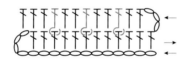

＊從背面看是則是「表引上針」。

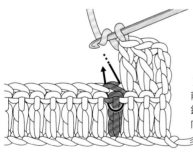

1 鉤針掛線，宛如挑起前段針目的整個針腳，鉤針如圖示由外往內橫向穿入。

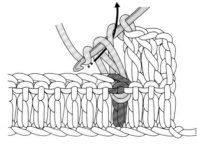

2 鉤針掛線，鉤出長長的織線，針尖掛線，引拔掛在針上的前2個線圈。

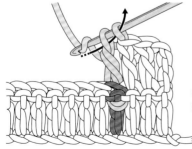

3 針尖再次掛線，引拔掛在針上的2個線圈（鉤織長針）。

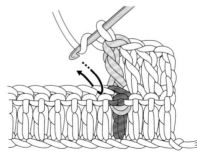

4 完成1針「裡引長針」。跳過引上針前方的前段1針，在下一個針目挑針鉤織。

引上針的變化織法

針目記號下方呈彎鉤狀就是「引上針」。
注意記號的彎鉤掛在哪個針目上，將鉤針橫向穿入該針目的整個針腳挑針，
再鉤出長長的織線鉤織針目吧！

表引交叉長針（中間鉤1鎖針）

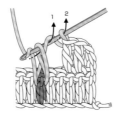

1 鉤針掛線，跳起前段的2個長針，宛如挑起第3針的整個針腳，如圖示由內往外橫向穿入。

2 鉤針掛線，鉤出長長的織線鉤織長針。

3 接著鉤織1針鎖針，鉤針掛線，回頭挑前段針目的第1針（橫向挑長針整個針腳），鉤針掛線鉤出長長的織線，鉤織長針。

4 完成中間鉤1鎖針的表引交叉長針。跳過前段的3個針目，鉤織下一針。

2表引長針的加針

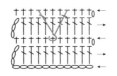

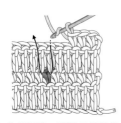

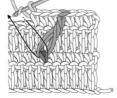

1 鉤針掛線，跳過前前段的2針短針，宛如挑起整個針腳，由內往外橫向穿入。鉤針掛線，鉤出長長的織線鉤織長針。

2 跳過引上針後方的前段1針，鉤織3針短針。

3 鉤針掛線，由內往外橫向穿入步驟1的相同位置，鉤針掛線，鉤出長長的織線鉤織長針。

4 完成中間織入3針短針的2表引長針的加針。跳過引上針後方的前段1針，鉤織下一針的短針。

＊『引上針』有「正面」與「反面」之分

鉤針編織幾乎所有的針目記號都是正反面相同，鉤法也沒有區別。但是引上針卻分為「表引上針」與「裡引上針」。
引上針的表裡之分，是以鉤針從織片內側（正面）穿入，還是從外側（裡）穿入來區分。挑起針目的針腳藉由織線上提的織法，可以形成具有立體感的針目，表引針的針目會浮凸於正面，裡引針的針目則浮凸於背面。因為針目記號圖上記載的全

都是從正面看到的狀態，所以看著背面鉤織「表引上針的針目」時，其實是鉤織「裡引上針」（從正面來看就是「表引上針目」）。相反的，在背面鉤織「裡引上針的針目」記號時，其實是鉤織「表引上針」。
透過頭腦思考容易混亂，實際上只要思考鉤織時想讓哪一面的針目顯眼，就能正確地鉤織了！

短針的變化針

在短針的織法上運用一些巧思，就能變化出更多針法。
使用於緣編的最終段效果最好。

逆短針

織片方向不變，但是由左往右回頭鉤織針目。

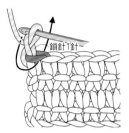

1 鉤織立起針的鎖針1針，依箭頭指示旋轉鉤針，挑前段邊端針目的針頭。

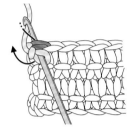

2 鉤針如圖示由織線上方掛線，直接往內鉤出織線。

3 鉤出織線的模樣。

4 針尖掛線，引拔掛在針上的2個線圈（短針）。

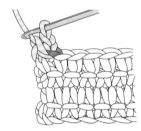

5 完成1針「逆短針」。

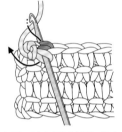

6 下一針也是同步驟1的方式旋轉鉤針，穿入前段右側針目的針頭挑針，由織線上方掛線，往內鉤出織線。

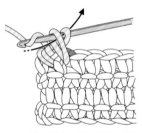

7 針尖掛線，引拔掛在針上的2個線圈（短針）。

8 完成2針逆短針。重複步驟6・7，由左往右繼續鉤織。

變形逆短針（挑1線）

P.95挑2線的變化版。

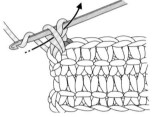

步驟1～8與P.95織法相同，回頭挑前一針目的1條線。

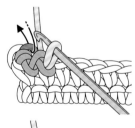

9 鉤針依箭頭指示，回針挑前一針目的1條線穿入。

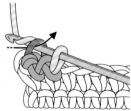

10 針尖掛線鉤出。

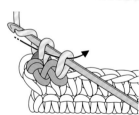

11 針尖掛線，引拔掛在針上的2個線圈（短針）。

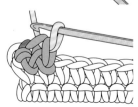

12 完成變形逆短針（挑1線）的第2針。重複步驟7～12，挑回針針目的半針，由左往右繼續鉤織。

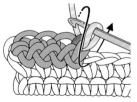

13 完成4針變形逆短針（挑1條線）的模樣。

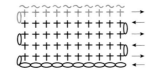 

變形逆短針（挑2線）

逆短針的變化版織法。
織片方向不變，由左往右回頭挑針鉤織針目。

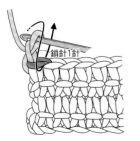

鎖針1針

1 鉤織立起針的鎖針1針，依箭頭順時鐘旋轉鉤針，挑前段邊端針目的針頭。

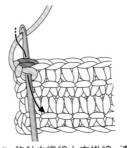

2 鉤針由織線上方掛線，連同掛在針上的線圈一起引拔。

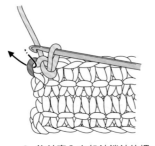

3 鉤針穿入立起針鎖針的裡山。

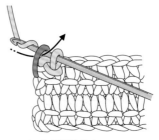

4 鉤針掛線鉤出。

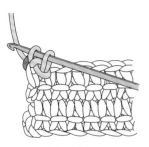

5 鉤出織線的狀態。

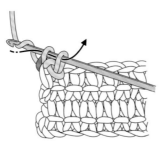

6 針尖掛線，引拔掛在針上的2個線圈（短針）。

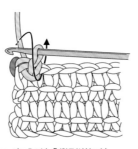

7 完成1針「變形逆短針」。下一針也是同步驟1的方式旋轉鉤針，穿入前段右側針目的針頭挑針。

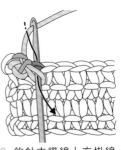

8 鉤針由織線上方掛線，連同掛在針上的線圈一起引拔。

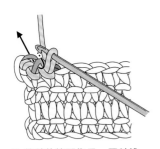

9 鉤針依箭頭指示，回針挑前一針目的2條線穿入。

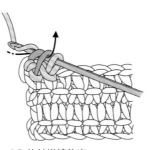

10 鉤針掛線鉤出。

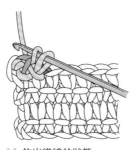

11 鉤出織線的狀態。

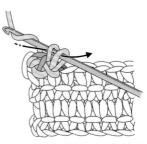

12 針尖掛線，引拔掛在針上的2個線圈（短針）。

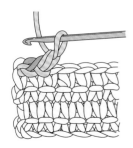

13 完成第2針變形逆短針（挑2線）。重複步驟7～12，挑回針針目的2條線，由左往右繼續鉤織。

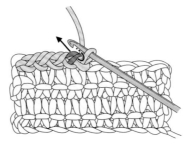

14 完成5針變形逆短針的模樣。

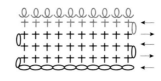

⚲ 扭短針

將鉤出的織線扭轉後，織成短針。

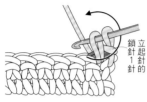

1 鉤織立起針的鎖針1針，鉤針穿入前段右側邊端針目的針頭，鉤出長長的織線，依箭頭指示將鉤針旋轉一圈。

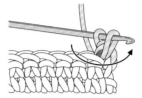

2 這是旋轉途中，繼續依箭頭指示旋轉一圈為止。

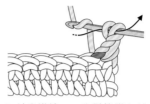

3 針尖掛線，一次引拔掛在針上的2個線圈（短針）。

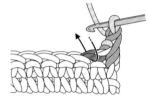

4 完成「扭短針」。下一針同樣是挑前段針目的針頭。

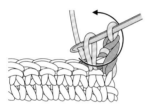

5 同步驟1鉤出長長的織線，鉤針依箭頭指示旋轉一圈。

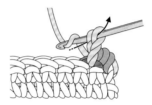

6 針尖掛線，一次引拔掛在針上的2個線圈（短針）。

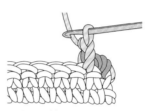

7 完成2針扭短針。

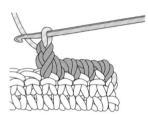

8 重複步驟4～6，完成5針扭短針的模樣。

✛ 掛線短針

鉤出織線後，捲上織線再鉤織短針。
針目記號與一般短針相同，因此會加上附註。

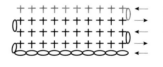

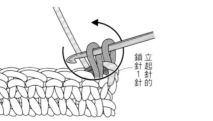

1 鉤織立起針的鎖針1針，挑前段右側邊端的針目，掛線鉤出，接著將織線由左往右捲繞掛在針上的線圈。

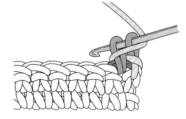

2 捲繞的狀態。

3 織線捲繞線圈後，針尖如圖示掛線，一次引拔掛在針上的2個線圈（短針）。

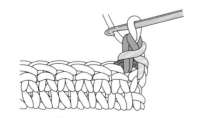

4 完成1針「掛線短針」。

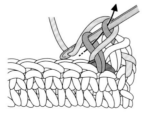

5 下一針同樣在未完成的短針狀態捲繞，針尖掛線引拔。

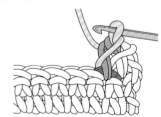

6 完成2針掛線短針。

中途沒線了！（接線方法）

雖然可以運用打結銜接新線的方式，但打結處太顯眼成品就不漂亮了。
所以在此推薦一邊鉤織一邊接線的方法。線球中也可能出現打結處的情況，
這時候同樣將打結拆開或剪掉，以接上新線的相同方法來處理就可以了。
（為了容易辨識，圖中的新線以別色線呈現）

在織片正面接線時

1 在未完成的針目狀態下（→P.66），將原本的織線由內往外掛在鉤針上，針尖改掛新線引拔。

2 換成新線了。

3 線頭以新線包裹鉤織即可。

在織片背面接線時

1 在未完成的針目狀態下（→P.66），將原本的織線由外往內掛在鉤針上，針尖改掛新線引拔。

2 換成新線了。

3 線頭以新線包裹鉤織即可。

鉤錯了！

鉤織中途發現錯誤時，直接拆掉重新鉤織吧！

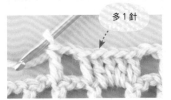

多1針

1 多鉤了1針長針。

2 鉤針如圖示穿入錯誤的針目針頭。

3 拉住織線拆掉針目。

4 拆至正確位置了。

起太多針了！

還不熟悉鉤針編織時，也可能會弄錯起針的針數。不過，這時只要從鎖針的起針處拆掉多餘針目就可以了。
若是針數不足反而更加麻煩，因此起針時不妨多鉤幾針比較安心。

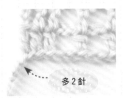

多2針

1 起針時多鉤了幾針。

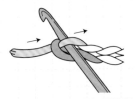

2 看著鎖針正面，如圖示鬆開邊端針目，抽出連接線頭的織線。

3 繼續拉出連結著線頭的織線。

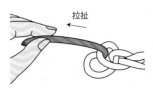

拉扯

4 一拉線頭鎖針就會鬆開（拉至挑針處就會停止）。

爆米花針

類似玉針，卻像是爆米花般更為立體且渾圓飽滿的針目。
在織片正面與背面鉤織時，需要改變穿入鉤針的方法，好讓針目的立體形狀位於織片正面。

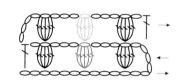

1段　　　　　2段

5長針的爆米花針
（挑針鉤織）

第1段（正面）

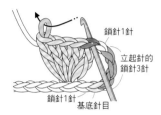

鎖針1針
立起針的鎖針3針
鎖針1針
基底針目

1 挑前段（此為起針）的1個針目織入5針長針，將鉤針暫時抽出，原本掛在針上的第5針維持原狀（暫休針），鉤針由內往外穿入第1針長針的針頭，再穿回暫休針。

2 將暫休針的針目從第1針引拔鉤出。

3 為了避免鉤出的針目鬆開，鉤1鎖針收緊針目。

收緊針目（爆米花針的針頭）
鎖針3針

4 針目往內側鼓起，步驟3鉤織的鎖針成為爆米花針的針頭。接著繼續鉤織。

第2段（背面）

鎖針1針
立起針的鎖針3針

5 鉤針掛線，穿入前段爆米花針的針頭（步驟3的鎖針）。

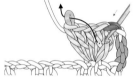

6 織入5針長針，掛在針上的針目暫休針，鉤針由織片外側往內穿入第1針長針的針頭。

7 將暫休針的針目從第1針引拔鉤出。

8 鉤織1針鎖針收緊針目，繼續鉤織。針目往織片外側鼓起。

5長針的爆米花針
（挑束鉤織）

第2段（背面）

1 鉤針穿入前段鎖針下方的空間，挑束鉤織5針長針，暫時抽出鉤針，原本掛在針上的針目暫休針，鉤針由外往內穿入第1針長針的針頭，再穿回暫休針的針目。

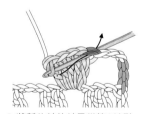

2 將暫休針的針目從第1針引拔鉤出。

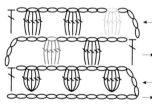

3 鉤織1針鎖針收緊針目，針目往織片外側鼓起。

鎖針3針

4 繼續在前段挑束鉤織。

第3段（正面）

鎖針1針
立起針的鎖針3針

5 鉤針穿入前段鎖針下方的空間，挑束鉤織5針長針。

6 暫時抽出鉤針，掛在針上的針目暫休針，鉤針由內往外穿入第1針長針的針頭。

7 將暫休針的針目從第1針引拔鉤出。

8 鉤織1針鎖針收緊針目。針目往內側鼓起。

5中長針的爆米花針
（挑針鉤織）

即使改變針目，但織法要領仍然一樣。

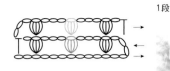

1段　　　　2段

第1段（正面）

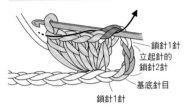

鎖針1針
立起針的
鎖針2針
基底針目
鎖針1針

1 挑前段（此為起針）的1個針目織入5針中長針，鉤針暫時抽出，原本掛在針上的第5針維持原狀（暫休針），鉤針由內往外穿入第1針中長針的針頭，再穿回暫休針，引拔鉤出。

2 為了避免鉤出的針目鬆開，鉤1鎖針收緊針目。

鎖針3針
收緊針目
（爆米花針的針頭）

3 針目往內側鼓起，步驟2鉤織的鎖針成為爆米花針的針頭。接著繼續鉤織。

第2段（背面）

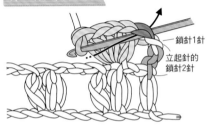

鎖針1針
立起針的
鎖針2針

4 在前段爆米花針的針頭（步驟2的鎖針），織入5針中長針。暫時抽出鉤針，原本掛在針上的針目暫休針，鉤針由外往內穿入第1針，引拔鉤出暫休針。

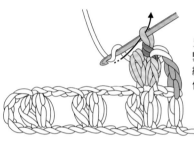

5 鉤織1針鎖針收緊針目，繼續鉤織。針目往織片外側鼓起。

爆米花針的特徵
（與玉針的差別）

爆米花針，是比玉針更加飽滿圓潤的立體針目。玉針是將複數的未完成針目合併成一針，爆米花針則是完成複數針目之後才合併為一針，再鉤織鎖針收緊針目。玉針是在背面製造出立體感，而爆米花針則是根據合併成一針時的鉤針穿入方向，可以任意在兩側製造立體面（亦即正面與背面的鉤織方法可能不同）。

	（正面）	（背面）	（於正面鉤織時）往內側（正面）鉤出針目	（於背面鉤織時）往外側（正面）鉤出針目
5長針的爆米花針		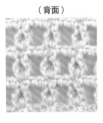		
5長針的玉針			未完成的5長針（正面、背面操作方法皆同）	

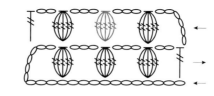

5長長針的玉針
（挑針鉤織）

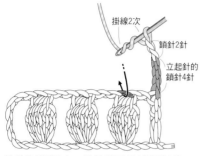

掛線2次

鎖針2針

立起針的
鎖針4針

1 鉤針先掛線2次，挑前段玉針針頭的2條線（看著背面鉤織時針頭位於左側，需留意）。

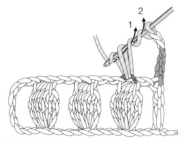

2 鉤針掛線鉤出，針尖掛線分別引拔掛在針上的前2個線圈，共引拔2次，鉤織未完成的長長針。

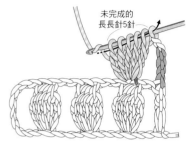

未完成的
長長針5針

3 以相同要領再鉤織另外4針，鉤織未完成的長長針（共5針），針尖掛線，一次引拔掛在針上的6個線圈。

4 完成「5長長針的玉針」，鉤織下一針後即可穩定針目。

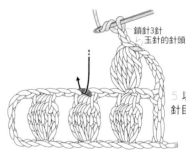

鎖針3針
玉針的針頭

5 以相同要領繼續鉤織針目。

5長長針的爆米花針
（挑針鉤織）

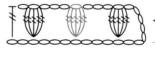

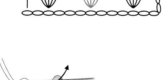

正面

鎖針1針

立起針的
鎖針4針

鎖針1針　基底針目

1 挑前段（此為起針）的1針織入5針長長針，暫時抽出鉤針，鉤針由內往外穿入第1針長長針的針頭，引拔鉤出原本暫休針的針目。

2 為了避免鉤出的針目鬆開，鉤1鎖針收緊針目。

鎖針3針　收緊針目
（爆米花針的針頭）

3 針目往內側鼓起，步驟2鉤織的鎖針成為爆米花針的針頭。接著繼續鉤織。

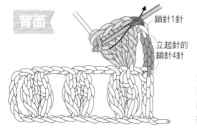

背面

鎖針1針

立起針的
鎖針4針

4 在前段爆米花針的針頭（步驟2的鎖針）織入5針長長針，暫時抽出鉤針，鉤針由外往內穿入第1針長長針的針頭，引拔鉤出暫休針的針目。

5 鉤織1針鎖針收緊針目，針目往織片外側鼓起。

玉針的變化織法

3長針的玉針2併針

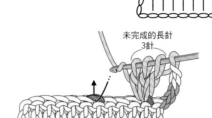
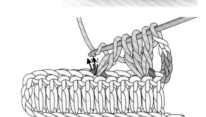

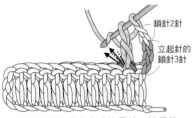

鎖針2針
立起的鎖針3針

1 挑前段針目鉤織未完成的長針，接著鉤針掛線，於相同位置再鉤織另外2針未完成的長針。

未完成的長針3針

2 鉤織3針未完成的長針後，鉤針掛線，跳過前段的3個針目挑下一針。

3 鉤織未完成的長針，繼續在相同位置織入另外2針未完成的長針。

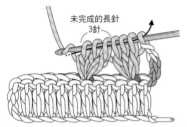
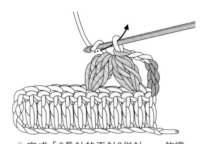
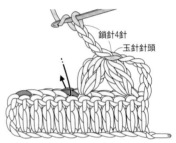

未完成的長針3針

4 左側也鉤織3針未完成的長針後，針尖掛線，一次引拔掛在針上的所有線圈（7個）。

5 完成「3長針的玉針2併針」。鉤織下一針鎖針即可穩定針目。

鎖針4針
玉針針頭

6 繼續鉤織。

3中長針的玉針2併針

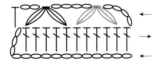

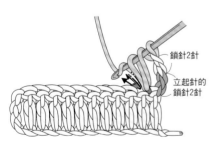

鎖針2針
立起的鎖針2針

1 挑前段針目鉤織未完成的中長針，接著鉤針掛線，於相同位置再鉤織另外2針未完成的中長針。

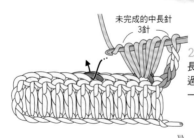

未完成的中長針3針

2 鉤織3針未完成的中長針後，鉤針掛線，跳過前段的3個針目挑下一針。

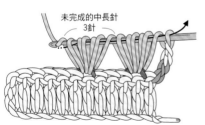
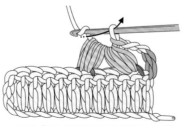
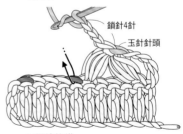

未完成的中長針3針

3 左側也鉤織3針未完成的中長針後，針尖掛線，一次引拔掛在針上的所有線圈（13個）。

4 完成「3中長針的玉針2併針」。鉤織下一針鎖針即可穩定針目。

鎖針4針
玉針針頭

5 繼續鉤織。

交叉針

交叉長針

1段　　2段

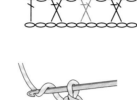  

第1段

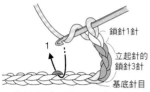

1 鉤針掛線，挑前段（此為起針）邊端第4個針目，鉤織長針。

2 鉤針掛線，穿入前一個針目。

3 宛如將先前的長針包裹鉤織般，鉤針掛線鉤出。

4 針尖掛線後引拔前2個線圈。

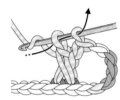  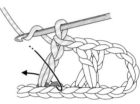

5 針尖再次掛線引拔2個線圈（鉤織長針）。

6 完成「交叉長針」。繼續鉤織。

7 交叉的針目是挑前一針，包裹鉤織前一針長針般的鉤織長針。

第2段

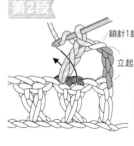 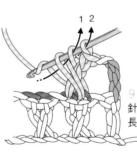 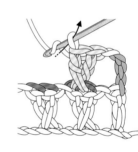

8 挑前段邊端第4個針目鉤織1針長針，鉤針掛線後，挑前一個針目。

9 包裹鉤織前一針長針般的鉤織長針。

10 完成「交叉長針」。鉤織方法不分正、背面，背面的織段也以相同方式鉤織，因此會形成每段交叉方向相反的狀態。

交叉長針（中間鉤1鎖針）

在交叉針目的中央鉤織鎖針，但織法要領仍然相同。

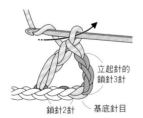 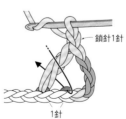 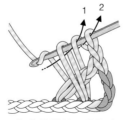  

1 挑前段（此為起針）邊端第4個針目鉤織長針，接著鉤1針鎖針。

2 鉤針掛線，往前在第2個針目挑針。

3 包裹鉤織前一針長針般的鉤織長針。

4 完成中間鉤1鎖針的交叉長針。繼續鉤織。

5 鉤織時請留意挑針的位置。

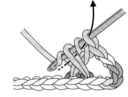

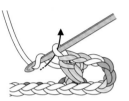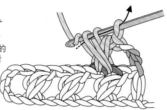

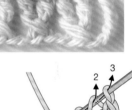

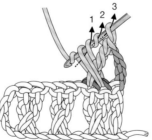

交叉中長針

第1段

1 鉤針掛線，挑前段（此為起針）邊端第4個針目鉤織中長針。

鎖針1針
立起針的鎖針2針
基底針目

2 鉤針掛線，穿入前一個針目。

3 宛如將先前的中長針包裹鉤織般，鉤針掛線鉤出。

4 針尖掛線，一次引拔掛在針上的3個線圈（鉤織中長針）。

5 完成「交叉中長針」。繼續鉤織。

第2段

6 挑前段針目鉤織1針中長針，鉤針掛線，穿入前一個針目。

鎖針1針
立起針的鎖針2針

7 包裹鉤織前一針中長針般的鉤織中長針。

8 完成「交叉中長針」。鉤織方法不分正、背面，背面的織段也以相同方式鉤織，因此會形成每段交叉方向相反的狀態。

交叉長長針

第1段

1 鉤針先掛線2次，挑前段（此為起針）邊端第3個針目，鉤織長長針。

掛線2次
立起針的鎖針4針
基底針目

2 接著鉤針掛線2次，穿入前一個針目。

3 宛如將先前的長長針包裹鉤織般，鉤針掛線鉤出。

4 針尖掛線，引拔前2個線圈。

5 針尖再次掛線，分別引拔2個線圈，共引拔2次（鉤織長長針）。

6 完成「交叉長長針」。繼續鉤織。

第2段

7 挑前段針目鉤織長長針，接著鉤針掛線2次，穿入前一個針目。

立起針的鎖針4針

8 包裹鉤織前一針長長針般的鉤織針目。

9 完成「交叉長長針」。鉤織方法不分正、背面，背面的織段也以相同方式鉤織，因此會形成每段交叉方向相反的狀態。

變形交叉長針（右上）

切斷的針目記號在下方，以此方式鉤織交叉針。

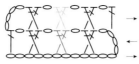 1段

 2段

第1段

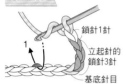

1 鉤針掛線，挑前段（此為起針）邊端第4個針目鉤織長針。

2 鉤針掛線，依箭頭指示在織好的左側長針前方挑前一針。

3 鉤針掛線鉤出。

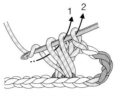

4 針尖掛線，分2次引拔2個線圈鉤織長針。右側長針交叉在上。

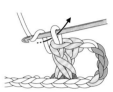

5 完成「變形交叉長針（右上）」。繼續鉤織。

第2段

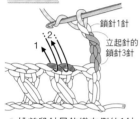

6 挑前段針目鉤織左側的1針長針，鉤針再次掛線，同步驟2在前一個針目挑針。

7 鉤針掛線，從先前鉤織的左側長針前方鉤出織線。

8 針尖掛線，分2次引拔2個線圈鉤織長針。右側長針交叉在上。

9 繼續鉤織。鉤織方法不分正、背面，由於並非包裹鉤織的交叉針，因此交叉方向都一樣。

變形交叉長針（左上）

第1段

1 鉤針掛線，挑前段（此為起針）邊端第4個針目鉤織長針。

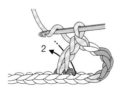

2 鉤針掛線，依箭頭指示在織好的左側長針後方挑前一針。

3 鉤針掛線鉤出。

4 針尖掛線，分2次引拔2個線圈鉤織長針。左側長針交叉在上。

5 完成「變形交叉長針（左上）」。繼續鉤織。

第2段

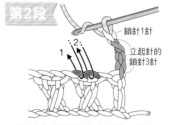

6 挑前段針目鉤織左側的1針長針，鉤針再次掛線，同步驟2在前一個針目挑針。

7 鉤針掛線，從先前鉤織的左側長針後方鉤出織線。

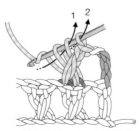

8 針尖掛線，分2次引拔2個線圈鉤織長針。左側長針交叉在上。

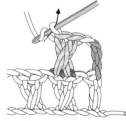

9 繼續鉤織。鉤織方法不分正、背面，由於並非包裹鉤織的交叉針，因此交叉方向都一樣。

1針與3針的變形交叉長針
（右上）

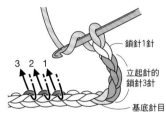

1 鉤針掛線，挑前段（此為起針）邊端第4個針目鉤織長針。

2 繼續在左側挑針鉤織長針。

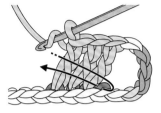

3 鉤織3針長針後，鉤針掛線，如圖示在先前鉤織的長針右側，從前方挑針。

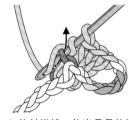

4 鉤針掛線，鉤出長長的織線。

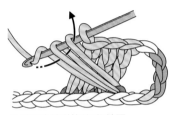

5 針尖掛線引拔前2個線圈。

6 針尖再次掛線，引拔2個線圈（鉤織長針）。

7 完成「1針與3針的變形交叉長針（右上）」，右側的1針長針交叉於3針上。繼續鉤織。

 1針與3針的變形交叉長針
（左上）

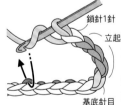

1 鉤針掛線，挑前段（此為起針）邊端第6個針目，鉤出長長的織線，鉤織長針。

2 鉤針掛線，如圖示在織好的長針右側，回頭往前第3針挑針，鉤針從外側穿入。

3 鉤針掛線，鉤出長長的織線。

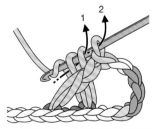

4 針尖掛線，分2次引拔2個線圈鉤織長針。

5 鉤針掛線，以相同要領，鉤織下一針長針。

6 鉤針掛線，再鉤1針長針。

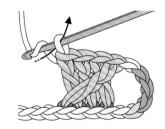

7 完成「1針與3針的變形交叉長針（左上）」，左側1針長針交叉於3針上。繼續鉤織。

變形交叉長針（右上）・（左上）／1針與3針的變形交叉長針（右上）・（左上）

十字交叉長針

像是將「2長針併針」與「2長針加針」組合在一起鉤織的針目。

1 鉤針先掛線2次，挑前段（此為起針）邊端第2個針目。

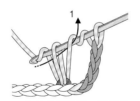

2 鉤針掛線鉤出。針尖掛線後，引拔前2個線圈（未完成的長針狀態）。

3 鉤針掛線，跳過2針，挑下一針。

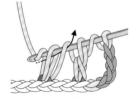

4 同樣鉤織1針未完成的長針。

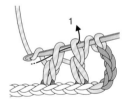

5 針尖掛線，引拔前2個線圈，將2針未完成的長針併為1針。

6 鉤針再次掛線，分2次引拔2個線圈（鉤織長針要領）。

7 接著鉤織2針鎖針。

8 鉤針掛線，分別在步驟5鉤織的2長針針腳各挑1條線。

9 鉤針掛線鉤出。

10 針尖掛線，分2次引拔2個線圈（鉤織長針要領）。

11 完成「十字交叉長針」。繼續以相同要領鉤織。

十字交叉長長針

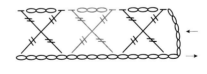

1 鉤針先掛線4次，挑前段（起針）邊端第2個針目。

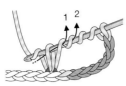

2 鉤針掛線鉤出，針尖掛線後，分2次引拔2個線圈（未完成的長長針狀態）。

3 鉤針先掛線2次，跳過3針，挑下一針。

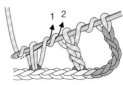

4 同樣鉤織1針未完成的長長針。

5 針尖掛線，引拔前2個線圈，將2針未完成的長長針併為1針。

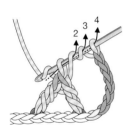

6 鉤針再次掛線，分3次引拔2個線圈（長長針鉤織要領）。

7 接著鉤織3針鎖針。

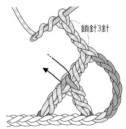

8 鉤針掛線2次，分別在步驟5鉤織的2長長針針腳各挑1條線。

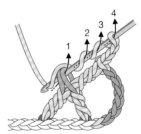

9 鉤針掛線鉤出，針尖掛線，分3次引拔2個線圈（鉤織長長針要領）。

10 完成「十字交叉長長針」。

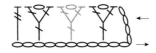

Y字針

這是十字交叉長針的應用針目。
先鉤織長長針,再於針目上像分枝般鉤織長針。

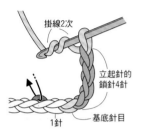

1 鉤針先掛線2次,
挑前段(此為起針)
邊端第3個針目鉤織
長長針。

2 鉤織1針鎖針後,
鉤針掛線,挑長長
針針腳最下方的2條
線。

3 鉤針掛線鉤出。

4 針尖掛線引拔2個
線圈。

5 針尖再次掛線,
引拔2個線圈(鉤織
長針要領)。

6 完成「Y字針」。
接著鉤針掛線2次,
以相同要領繼續鉤
織。

逆Y字針

像是在「2長針併針」上鉤織長針,
或是將長長針的針腳一分為二鉤織的針目。

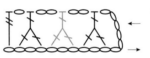

1 鉤針先掛線2次,挑前段(此為
起針)邊端第2個針目。

2 鉤針掛線鉤出,針尖掛線後引
拔2個線圈(未完成長針狀態)。

3 鉤針掛線,跳過1針,
挑下一針。

4 同樣鉤織1針未完成的
長針。

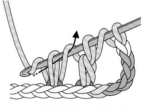

5 針尖掛線引拔2個線圈,將2針未
完成的長針併成1針。

6 針尖再次掛線,分2次引拔2個線
圈(鉤織長針要領)。

7 完成「逆Y字針」。

8 接著鉤織鎖針2針,鉤針
掛線2次,以相同要領繼續
鉤織。

裝飾針

這是松編（P.60）的變化款，使用於緣編具有很好的效果。

 3長針加針
（與短針挑同一針目鉤織）

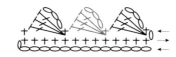 

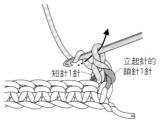

1 挑前段針目鉤織1針短針，接著鉤織3針鎖針。

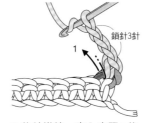

2 鉤針掛線，穿入步驟1鉤織短針的相同位置。

3 鉤針掛線鉤出。

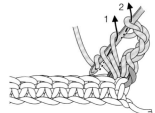

4 針尖掛線，分2次引拔2個線圈（鉤織長針）。

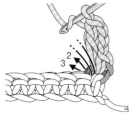

5 鉤針掛線後，在相同位置織入另外2針長針。

6 鉤織3針長針後，跳過前段的3個針目，挑針鉤織短針。

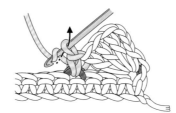

7 以相同要領繼續鉤織。

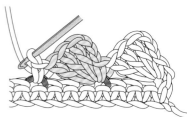

8 完成 2 針裝飾針。

 3長針加針
（挑短針針腳鉤織）

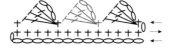 

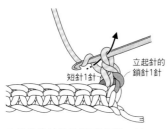

1 挑前段針目鉤織1針短針，接著鉤織3針鎖針。

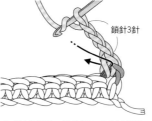

2 鉤針掛線，挑步驟1短針針腳的2條線穿入。

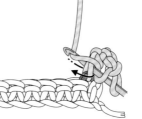

3 鉤針掛線鉤出。

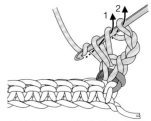

4 針尖掛線，分2次引拔2個線圈（鉤織長針）。

5 鉤針掛線，在相同位置織入另外2針長針。

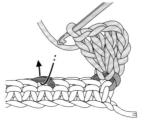

6 鉤織3針長針後，跳過前段的3個針目，挑針鉤織短針。

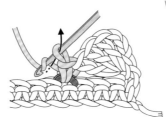

7 以相同要繼續鉤織。

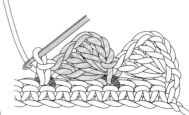

8 完成 2 針裝飾針。

2 長針玉針的加針
（挑短針針腳鉤織）

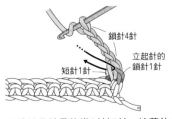

1 挑前段針目鉤織1針短針，接著鉤4針鎖針。鉤針掛線，挑短針針腳的2條線穿入。

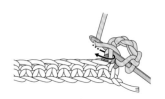

2 鉤針掛線鉤出。

3 針尖掛線後引拔2個線圈（未完成的長針）。

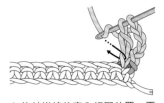

4 鉤針掛線後穿入相同位置，再鉤織1針未完成的長針。

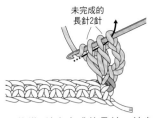

5 鉤織2針未完成的長針，針尖掛線，一次引拔掛在針上的所有線圈。

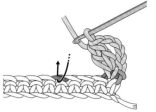

6 完成2長針的玉針。接著跳過前段的3個針目，挑針鉤織短針。

7 以相同要領繼續鉤織。

8 完成2針裝飾針。

---

3 中長針玉針的加針
（挑短針針腳鉤織）

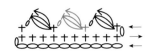 

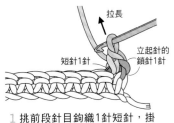

1 挑前段針目鉤織1針短針，掛在針上的線圈拉至2鎖針長。

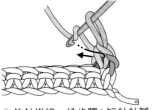

2 鉤針掛線，挑步驟1短針針腳的2條線。

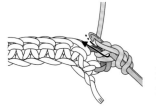

3 鉤針掛線鉤出。

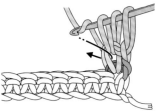

4 織好1針未完成的中長針。鉤針再次掛線，在相同位置織入另外2針未完成的中長針。

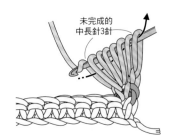

5 鉤織3針未完成的中長針後，鉤針掛線，一次引拔掛在針上的所有線圈。

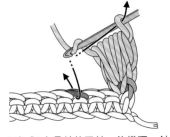

6 完成3中長針的玉針，鉤織下一針鎖針即可穩定針目。接著跳過前段的2個針目，挑針鉤織短針。

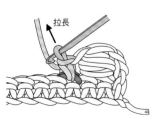

7 以相同要領繼續鉤織。

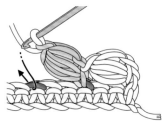

8 完成2針裝飾針。

3 長針加針（與短針挑同一針目鉤織）・（挑短針針腳鉤織）／2 長針玉針的加針（挑短針針腳鉤織）／3 中長針玉針的加針（挑短針針腳鉤織）

環編

在左手壓線的狀態下進行鉤織，完成帶有線圈（環）的針目。
壓線的左手中指可以調整環的大小，因為是在針目的背面形成線圈，所以鉤織時要經常確認。
希望加大線圈時，可將無名指與中指併攏，以2根手指調節大小。

 短針的環編

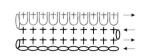

正面 　背面

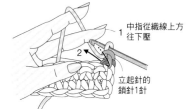

1 左手中指由織線上方往外側下壓，鉤針在前段針目挑針。

2 在左手中指壓線的狀態下（壓線長度就是環的大小），鉤針掛線。

3 鉤出織線。

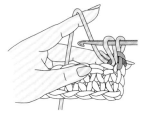

4 鉤出織線後的模樣。

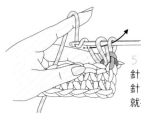

5 針尖掛線，引拔掛在針上的2個線圈（鉤織短針）。移開中指，織線就在背面形成了線圈。

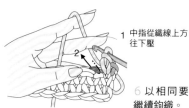

6 以相同要領繼續鉤織。

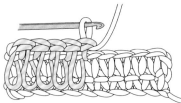

7 在背面形成的線圈（從背面看的狀態）。
＊以背面為織片正面。

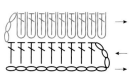 長針的環編

正面 　背面

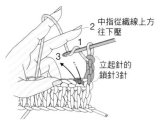

1 鉤針掛線後，左手中指由織線上方往外側下壓，鉤針在前段針目挑針。

2 在左手中指壓線的狀態下（壓線長度就是環的大小），鉤針掛線。

3 鉤出織線。

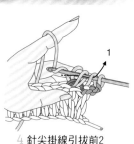

4 針尖掛線引拔前2個線圈。

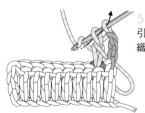

5 針尖再次掛線，引拔2個線圈（鉤織長針）。

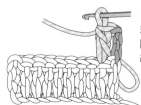

6 移開中指，織線就在背面形成了線圈，以相同要領繼續鉤織。

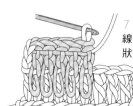

7 在背面形成的線圈（從背面看的狀態）。

＊以背面為織片正面。

七寶針

組合拉長的鎖針與短針，鉤織出七寶花樣。
鉤織方法並不困難，但是很容易一不小心就眼花不知道鉤織到哪了，所以要注意。

 七寶針

第1段

1 鉤織1針鎖針，將掛在針上的針目拉長，鉤針掛線後引拔（鉤織鎖針）。

2 在拉長的鎖針裡山挑針，鉤針掛線鉤出。

3 針尖掛線，引拔掛在針上的2個線圈（鉤織短針）。

4 將掛在針上的針目拉長，針尖掛線鉤出。重複步驟2～3繼續鉤織。

第2段

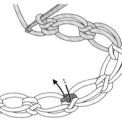

5 第1段之後繼續鉤織2組花樣，接著挑第1段邊端第2組花樣的短針針腳2條線。

6 鉤針掛線鉤出。

7 針尖掛線，引拔掛在針上的2個線圈（鉤織短針）。

8 完成短針。接著鉤織2組花樣，跳過前段的1針短針後，挑下一針鉤織短針。

下一個挑針針目

跳過的針目

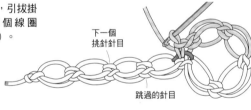

9 第2段的鉤織終點，是挑第1段起針處的鎖針半針與裡山。

10 鉤織短針。

第3段

11 鉤織立起針的4針鎖針後，將織片翻面，鉤織1組花樣後，挑前段短針針頭的2條線。

立起針的鎖針4針

12 鉤織短針。接著鉤織2組花樣，再挑前段短針的針頭鉤織短針。

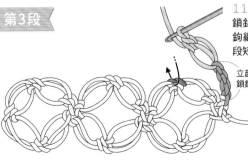

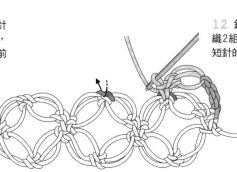

盡情享受鉤針編織的樂趣
─各式各樣的技巧─

已經熟悉部分針法記號,而且也學會了各種鉤織針法,

差不多可以隨心所欲鉤織所有想鉤的東西了!

這個章節彙整了實際鉤織作品時不可或缺的各種技巧。

包含了人氣串珠鉤織、作為重點裝飾的織入圖案,拼接可愛的花樣織片等,

全部都是鉤織新手想要掌握的技法&學會就能發揮作用的技巧。

在鉤織過程中出現「現在該怎麼作才好?」的疑惑時,

請翻開本章節來參考吧!

✳ 串珠鉤織口金包

織入閃亮亮的串珠，營造出華麗風格。
只是鉤織短針筋編就能完成，作法非常簡單。

設計／おのゆうこ（ucono）
線材／Olympus Emmy Grande〈Bijou〉

織法… P.145

✳ 串珠球項鍊

外形渾圓可愛的編織球，
因為織入串珠而大大提升完成度。
項鍊部分也織入了串珠，成為稍顯華美的作品。

設計／おのゆうこ（ucono）
線材／Olympus Emmy Grande〈Herbs〉

織法… P.145

113

✳ 織入圖案的手提包

短針的織入圖案，
能夠形成結實耐用的織片，
最適合運用於鉤織包。
可裝入A4文件，使用方便的尺寸。

設計／しずく堂
線材／PUPPY British Eroika

織法… P.147

※ **花樣織片拼接的膝上毯**

以P.50的方形花樣織片配色後拼接而成。
分別完成花樣織片後,再以捲針縫接合,
因此,初學者也能輕鬆挑戰。
可隨個人喜好改變拼接織片的數量,
也適合製作成抱枕套或包包。
多花點時間努力一下,還可織成暖桌毯與床罩。

設計/遠藤ひろみ
製作/夢野 彩
線材/Rich More Spectre Modem〈Fine〉

織法…P.146

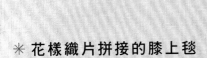

串珠鉤織

織入串珠時，必須在鉤織前將所需串珠全部穿在織線上（建議多穿一些以備不時之需）。
請注意，如果串珠孔洞太小無法穿入織線，那是無法鉤織的！

串珠方法

● 使用穿線珠時……使用市售的穿線珠是最輕鬆的方法。

＊與織線打結穿入珠子（串珠孔洞大於2條織線的情況）

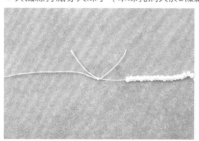

1 將織線線頭與穿線珠的線打結。

2 慢慢移動串珠，穿至織線上。

3 為了避免阻礙鉤織作業進行，鉤織時將串珠移至較遠的線球旁。

＊與織線黏合穿入珠子（串珠孔洞小於2條織線的情況）

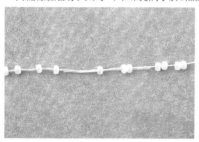

削薄織線線頭，再以白膠黏合織線與穿線珠的線，好讓串珠移至織線上。

● 使用散裝串珠時

＊使用穿珠針

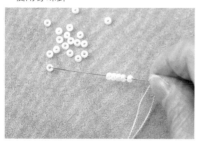

使用散裝串珠時，先將織線穿進穿珠針，再以針尖挑起珠子移至織線上。

＊直接以織線挑起珠子

若是珠子孔洞太小，難以穿在織線上時，不妨將3～4cm的織線線頭抹上手工藝膠，待乾燥硬化後斜斜修剪線頭，即可直接以織線挑起珠子穿入。

＊亦可使用縫線等線材穿上珠子，自行製作成「穿線珠」。

鉤入串珠的方法

雖說是「串珠鉤織」，其實織法並不難。
鉤織穿入串珠的針目時，只要將必要的串珠數量拉近，撥入鉤織即可。
因為鉤入的串珠全都會在背面，所以是以織片背面作為正面使用。

鎖針

1 撥入串珠後，鉤針掛線引拔，鉤織鎖針。將串珠撥入後，以較緊密的方式鉤出織線，珠子就不會過於鬆動，可以作出漂亮成品。

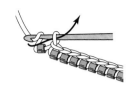

2 織入的串珠會在鎖針裡山上。

＊亦可撥入2顆、3顆串珠，在1個針目織入複數串珠也沒問題。

短針

1 挑前段針目掛線鉤出（未完成的短針狀態），撥入串珠後針尖掛線引拔，鉤織短針。

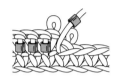

2 織入的串珠會在背面。

中長針

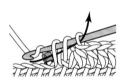

1 鉤針掛線，挑前段針目掛線鉤出（未完成的中長針狀態），撥入串珠後針尖掛線，一次引拔3個線圈，鉤織中長針。

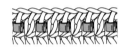

2 織入的串珠會在背面（間隔1針織入串珠的狀態）。

長針

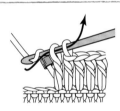

1 在未完成長針的狀態下撥入串珠，針尖掛線引拔掛在針上的2個線圈。

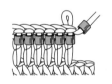

2 織入的串珠會在背面。

長針
（1針織入2顆串珠時）

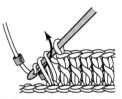

1 鉤針掛線，挑前段針目掛線鉤出，撥入1顆串珠，針尖掛線引拔前2個線圈。

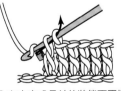

2 在未完成長針的狀態下再撥入1顆串珠，針尖掛線引拔掛在針上的2個線圈。

3 織入的2顆串珠會在背面縱向並排。

長長針
（1針織入2串珠時）

1 鉤針先掛線2次，挑前段針目掛線鉤出，針尖掛線引拔前2個線圈。

2 撥入1顆串珠，針尖掛線引拔2個線圈。

3 在未完成長長針的狀態下再撥入1顆串珠，針尖掛線引拔掛在針上的2個線圈。

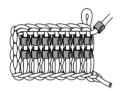

4 織入的2顆串珠會在背面縱向並排。

織入圖案

重點在於換色線的方法與渡線方法。

短針的織入圖案（橫向渡線）

適合製作細緻花樣的方法。
配色線橫向渡線後包裹鉤織。

第1段

1 即將換色的這1針短針，在鉤織底色線最後的引拔時，改掛配色線。

2 鉤織時連同底色線與配色線的線頭一起挑針，掛線鉤出。

3 一邊包裹底色線與配色線的線頭，一邊以配色線鉤織短針。

4 在配色線針目進行最後引拔時，改掛底色線。

5 一邊包裹配色線，一邊以底色線鉤織短針。

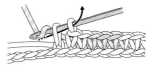
6 以相同要領換線，進行鉤織。

7 此段結束時，接著鉤織下一段立起針的鎖針。

8 鉤織1針鎖針後，織片右端往外推出，將織片翻面。

第2段

9 將配色線拉至織片背面渡線，以底色線包裹並鉤織短針。

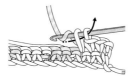
10 底色線針目進行最後的引拔時，改換配色線。

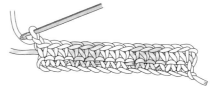
11 以相同要領交換底色線與配色線進行鉤織，鉤織下一段立起針的鎖針後，將織片翻回正面。包裹鉤織的配色線也同樣拉至背面。

第3段

12 將配色線拉到織片背面渡線，以底色線包裹鉤織。

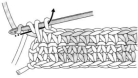
13 第3段的鉤織終點要改換配色線。最後引拔時，鉤針掛底色線暫休針，針尖掛配色線（暫休針的織線由內往外掛在針上，讓線球側位於織片背面）。

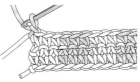
14 鉤織下一段立起針的鎖針1針後，將織片翻面。

第4段

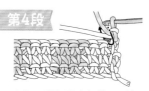
15 一邊包裹底色線，一邊以配色線鉤織。

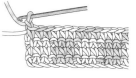
16 以相同要領進行鉤織，鉤織下一段立起針的鎖針後，將織片翻回正面。包裹鉤織的底色線也同樣拉至背面。

第6段以後

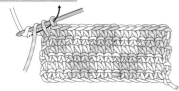
17 背面織段的鉤織終點改換色線時。最後引拔時，暫休針的織線由外往內掛在針上（讓線球側位於織片內側），針尖換色掛線鉤織。

18 織片翻面，暫休針的織線拉到背面渡線，包裹鉤織。

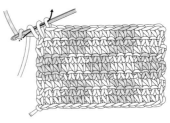
19 以相同要領繼續鉤織。在織段終點換色時，為了順利進行下一段的渡線，先將暫休針的織線掛在鉤針上，再以針尖換色鉤織（暫休針的織線由內往外掛在針上）。

完成漂亮的短針織入圖案

由於以往復編進行短針的織入圖案時，正面背面的針目渡線方式不一樣，
因此，細緻的短針圖案輪廓會顯得模糊不清。為了避免這種情形發生，建議使用輪編鉤織。
但是以輪編鉤織短針時，又容易出現針目斜行的特徵（參照P.73），
這時只要以「筋編」（→P.88）方式鉤織短針，問題自然迎刃而解。

織入圖案的效果差別（以十字圖案為例）

短針的織入圖案
（往復編）

圖案輪廓模糊不清，無法呈現漂亮的十字花紋。

短針的織入圖案
（輪編）

圖案清晰，但出現斜行現象。

短針筋編的織入圖案
（輪編）

圖案清晰又漂亮。

運用編織環的織法

需要鉤織大量花樣織片時，亦可使用樹脂材質的編織環來取代輪狀起針。
不僅可以節省輪狀起針的時間，尺寸相同的編織環還能讓成品顯得整齊漂亮。
這個織法不止可以運用於編織環，像是以鬆緊繩製作髮圈，或是中間夾入芯材鉤織的作品等，
凡是加入其他素材包裹鉤織時，都是以相同要領進行。

●在編織環織入短針

1 將織線穿入編織環，鉤針掛線，從環中鉤出。

2 針尖掛線，引拔環上線圈。

3 鉤針再次掛線引拔。

4 完成接線與起針。

5 線頭緊貼編織環，針尖掛線引拔，鉤織立起針的鎖針。

6 完成立起針的鎖針1針。鉤針穿入環中掛線，連同線頭一起挑針，鉤織短針。

7 完成1針短針。繼續以相同要領鉤織短針，同時包裹編織環與線頭。

8 織入指定針數後，鉤織終點是引拔第1針短針的針頭。包裹鉤織後就看不見編織環了。

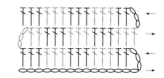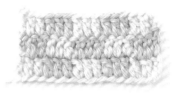

長針的織入圖案
（橫向渡線）

適合橫向連續花樣，或圖案比較細緻的鉤織方法。
橫向渡線藉由包裹鉤織藏起。
要領與短針相同，但是可以更快速地鉤織完成。

第1段

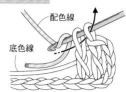

1 即將換色的這1針長針，在鉤織最後的引拔時，改掛配色線。

2 挑針時連同底色線與配色線的線頭一起包裹，鉤織長針。

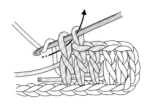

3 配色線針目進行最後引拔時，改掛底色線。

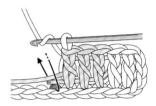

4 一邊包裹配色線，一邊以底色線鉤織。

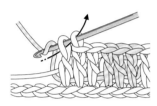

5 底色線針目進行最後引拔時，改換配色線。

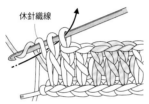

6 織段終點進行最後引拔時，鉤針掛底色線暫休針，針尖改掛配色線（暫休針的織線由內往外掛在針上，讓線球位於織片背面）。

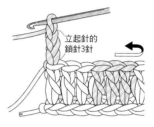

7 鉤織下一段立起針的鎖針3針，織片右端往外推出，將織片翻面。

第2段

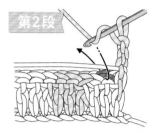

8 鉤針掛配色線，連同底色線一起挑針。

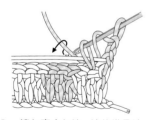

9 一邊包裹底色線一邊鉤織長針。

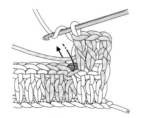

10 配色線針目進行最後引拔時，改掛底色線，一邊包裹配色線，一邊以底色線鉤織。

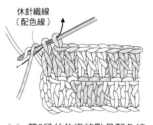

11 第2段的鉤織終點是配色線掛線暫休針，改換底色線引拔（暫休針的織線由外往內掛在針上，讓線球位於織片內側）。

第3段

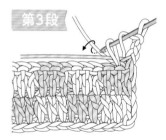

12 鉤織立起針的鎖針3針後，將織片翻回正面，暫休針的織線拉到背面渡線，包裹鉤織。

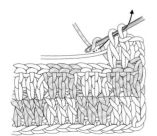

13 底色線針目進行最後引拔時，改換配色線。

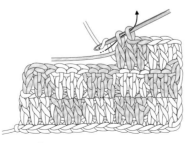

14 以相同要領繼續鉤織。

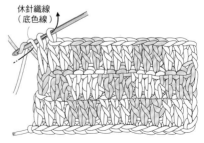

15 在織段終點換色時，為了順利進行下一段的渡線，先將暫休針的織線掛在鉤針上，再以針尖換色鉤織（暫休針的織線由內往外掛在針上）。

長針的織入圖案
（縱向渡線）

適合鉤織縱向連續圖案或大型圖案的方法。
鉤織時不包裹配色線，並且縱向渡線。

（正面）　　　　　　　（背面）

D色　C色　B色　A色

第1段

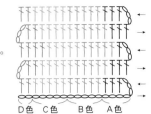

1 以A色鉤織，即將換色的前1針進行最後
引拔時，將A色掛在針上，針尖改掛B色
（暫休的A色線由內往外掛在針上，讓線球
位於織片背面）。

2 不包裹暫休的A色線，線球停放在織片背
面，挑針時只連同B色線頭一起包裹鉤織。

3 即將換色的前1針進行最後引拔時，將B
色掛在針上，針尖改掛C色（暫休的B色線
由內往外掛在針上，讓線球位於織片背
面）。

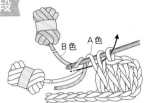

4 不包裹暫休的B色線，線球停放在織片外
側（背面），挑針時只連同C色線頭一起包
裹鉤織。

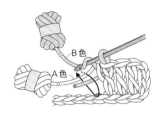

5 以相同要領換上D色線鉤至織段終點，鉤
織下一段立起針的3個鎖針後，將織片翻
面。

第2段

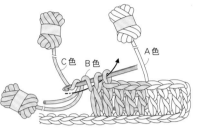

6 即將換色的前1針進行最後引
拔時，將D色掛在針上，針尖改
掛C色（暫休的D色線由外往內
掛在針上，讓線球位於織片內
側）。

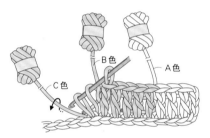

7 不包裹暫休的D色線，線球停放在織片內
側（背面），以C色線進行鉤織。

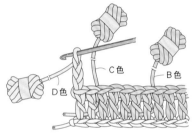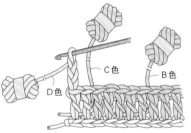

8 以相同要領換色鉤織，鉤織下一段的立
起針後，將織片翻回正面。

第3段以後

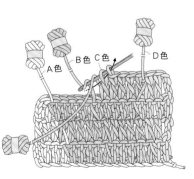

9 在織片背面換線時，
暫休的織線由外往內掛
在針上，讓線球位於織
片內側（背面）。

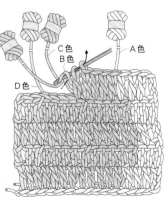

10 在織片正面換線
時，暫休的織線由內往
外掛在針上，讓線球位
於織片外側（背面）。

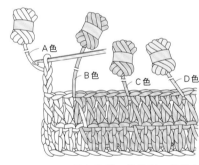

121

條紋花樣織法

鉤織每兩段換色的條紋花樣時，在邊端渡線即可。

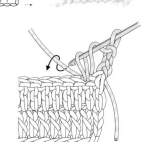

- -

第2段的鉤織終點

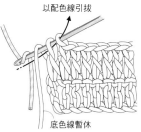

以配色線引拔

底色線暫休

1 進行底色線（地線）最後針目的引拔時，針尖改掛新色（配色線），掛線鉤出（底色線由外往內掛在針上一起引拔，讓線球位於織片內側）。

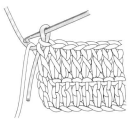

2 換成配色線。底色線暫休（暫時擱置）。

第3段

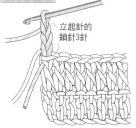

立起針的鎖針3針

3 接著鉤織下一段的立起針。

4 將織片翻回正面，以配色線鉤織2段。

第4段的鉤織終點

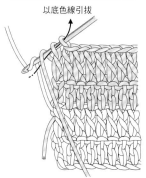

以底色線引拔

5 換回底色線鉤織時，在引拔配色線最後針目時，拉起暫休的底色線，針尖改掛底色線引拔（配色線由外往內掛在針上一起引拔，讓線球位於織片內側）。

配色線暫休

6 換回底色線鉤織，配色線暫休。

第5段

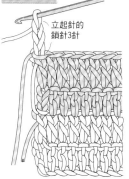

立起針的鎖針3針

7 注意別讓渡線太鬆或太緊，繼續以底色線鉤織。

第6段的鉤織終點

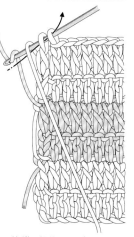

8 鉤織2段後，以步驟5相同要領拉起配色線，掛線引拔。

9 換成配色線，底色線暫休。

10 接著以配色線鉤織2段，以相同要領一邊換線一邊鉤織。

立起針的鎖針3針

收線方法

鉤織緣編時，連同渡線一起挑針，包裹鉤織。

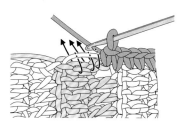

花樣織片的拼接方法　完成花樣織片再接合

花樣織片的拼接方法會根據織片形狀、針目，以及性質，分別使用各種方法。
所謂先完成花樣織片再接合，即是織好所有的花樣織片，
並且收針藏線後，再一口氣拼接完成。
因為可以一一鉤織積存所需的花樣織片，所以是非常輕鬆的方法。

織片背面相對以短針接合
（織片背面疊合挑半針鉤織）

拼接方形花樣織片時常用的牢固接合方法。
接合的短針會成為立體狀的筋線，成為裝飾重點。

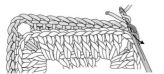
1　將兩織片背面相對疊合，鉤針分別穿入轉角中央鎖針的外側半針，掛線鉤出。

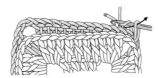
2　鉤針再次掛線引拔。

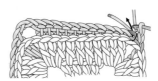
3　下一針同樣分別挑外側半針鉤織。

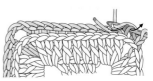
4　連同線頭一起挑針，掛線鉤出。

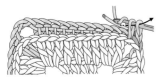
5　鉤織短針。

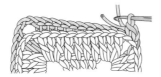
6　接合兩花樣織片，完成1針短針。

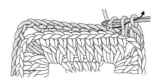
7　以相同要領繼續在兩花樣織片挑外側半針，鉤織短針。

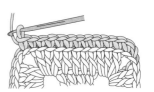
8　接合至下一個轉角中央。

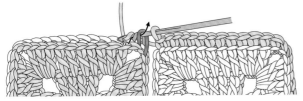
9　接著同步驟1，在相鄰的另外兩片花樣織片轉角中央，分別挑外側半針掛線鉤出。

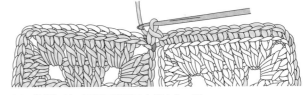
10　鉤織短針，以相同要領接合橫向的一列。

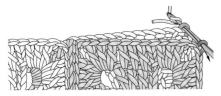
11　橫向拼接後，進行縱向拼接。同步驟1，分別在轉角中央挑外側半針，鉤織立起針、短針接合花樣織片。

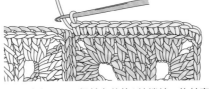
12　接合至下一個轉角的第1針鎖針，鉤針穿入步驟9的同一針目，挑針鉤織短針。

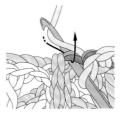

13　繼續橫向拼接，另一側也一樣，鉤針再次穿入相同針目，掛線鉤出。

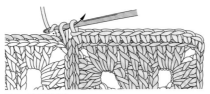
14　鉤織短針。

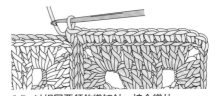
15　以相同要領鉤織短針，接合織片。

以捲針縫接合·1
（全針目的捲針縫）

這是使用毛線針，分別挑縫針頭上的兩條線，
再進行捲針縫的接合方法。
適合拼接長針之類針目密實的織片，
或方形、六角形等直線輪廓的花樣織片。
準備長約60cm的捲針縫線，
縫線不足時，接線後繼續接縫即可。

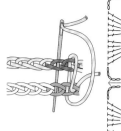

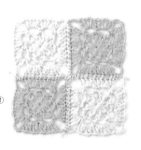

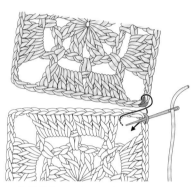

1 兩花樣織片正面朝上對齊，毛線針由
外往內挑轉角的鎖針半針後，依箭頭指
示在上方織片入針。

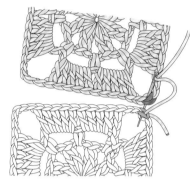

2 分別挑縫相對的2個鎖針，挑針後拉
線。

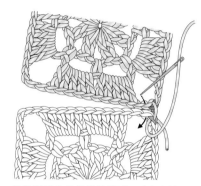

3 為了避免花樣織片變形，請留意拉線
的鬆緊度，再挑縫下一針。

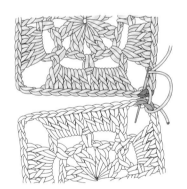

4 每次皆挑相對的鎖針2條線，每一針
都拉線。

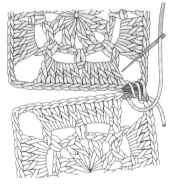

5 長針部分則是分別挑縫鎖狀針頭的2
條線。

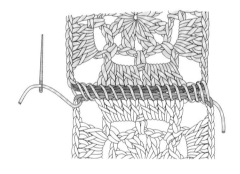

6 縫線呈現斜斜的渡線狀態，接縫至下
一個轉角中央鎖針的模樣。

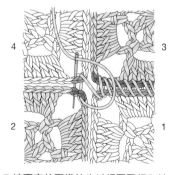

7 接下來的兩織片也以相同要領入針，
每挑縫相對的兩針就拉線，繼續進行捲
針縫。

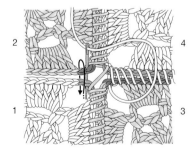

8 完成橫向捲針縫後，以相同要領進行
縱向的捲針縫。

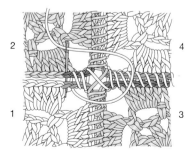

9 為了避免轉角處形成空隙，縱向與橫
向的捲針縫線要形成十字交叉狀。

＊捲針縫線中途用完時，新線從相同針目開始挑縫。捲針縫線的線頭位於織片背面，穿入捲針縫內側藏線。

以捲針縫接合・2 （半針目的捲針縫）

這是由織片針目針頭
挑一條線進行捲針縫的方法。
織片半針整齊並排著，
成品的捲針縫比全針目更薄。

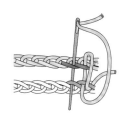
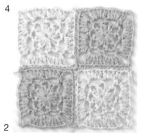

4 ____ 3

2 ____ 1

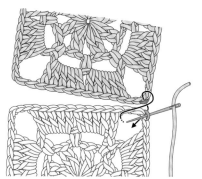

1 兩花樣織片正面朝上對齊，毛線針由外往內挑轉角的鎖針半針後，依箭頭指示在上方織片入針。

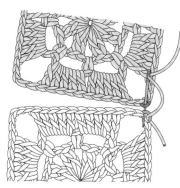

2 分別挑縫相對的2個鎖針外側半針，挑針後拉線。

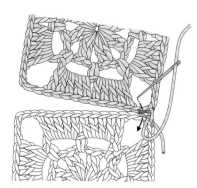

3 為了避免花樣織片變形，請留意拉線的鬆緊度，再挑縫下一針。

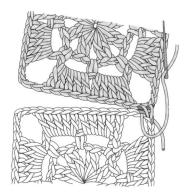

4 每次皆挑相對的鎖針半針，每一針都拉線。

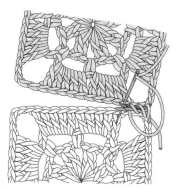

5 長針部分則是分別挑縫鎖狀針頭的1條線。

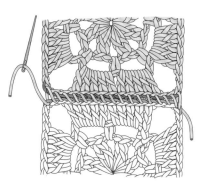

6 縫線呈現斜斜的渡線狀態，接縫至下一個轉角中央鎖針的模樣。

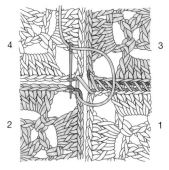

7 接下來的兩織片也以相同要領入針，每挑縫相對的兩針就拉線，繼續進行捲針縫。

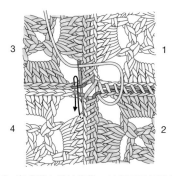

8 完成橫向捲針縫後，以相同要領進行縱向的捲針縫。

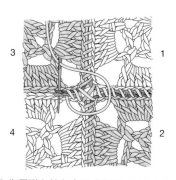

9 為了避免轉角處形成空隙，縱向與橫向的捲針縫線要形成十字交叉狀。

＊捲針縫線中途用完時，新線從相同針目開始挑縫。捲針縫線的線頭位於織片背面，穿入捲針縫內側藏線。

花樣織片的拼接方法　一邊鉤織一邊在最終段接合

在完成花樣織片的同時進行接合。
隨著花樣織片拼接數量的增加，織片也會越來越大，在接合大型織片的狀態下很不容易鉤織手上進行中的未完成織片。
因此只要花點工夫，盡量在花樣織片最後的邊緣拼接即可。

以引拔針接合

在鉤織第 2 片花樣織片最終邊緣的
鎖針線圈途中接合。

第2片　　第1片

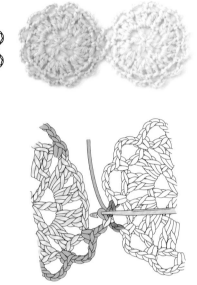

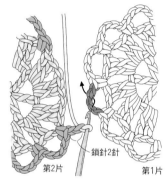

1 鉤好拼接位置前的鎖針2針，織線拉至鉤針前方，鉤針由第1片織片的正面穿入鎖針線圈。

2 鉤針掛線引拔。

3 以引拔針接合織片後的模樣。

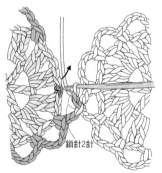

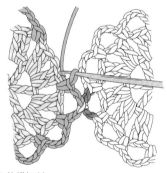

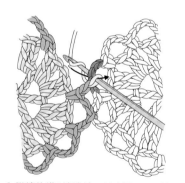

4 繼續鉤織2針鎖針，接著回到第2片花樣織片穿入鉤針。

5 鉤織短針。

6 繼續鉤織2針鎖針，以步驟1、2的要領，再次引拔接合第1片花樣織片。

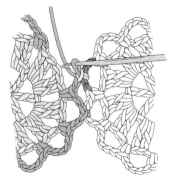

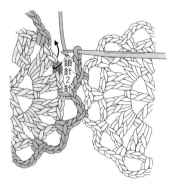

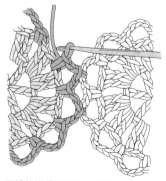

7 接合兩處的模樣。

8 鉤織2針鎖針，接著回到第2片花樣織片鉤織短針。

9 繼續鉤織花樣織片，完成。

以引拔針接合四片

拼接四片時，必須留意轉角處的接合方法。
重點是第3、4片的織片並非接在第1片上，
而是與第2片接合。

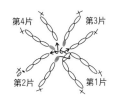

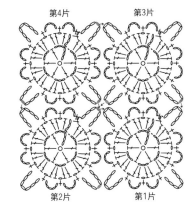

第2片

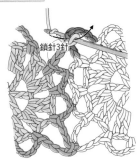

1 鉤織第2片花樣織片的最後邊緣
時，在第1片的鎖針上挑束，鉤織
引拔針接合（參考P.126）。

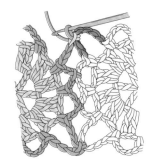

2 以引拔針接合一邊的模樣。繼續
鉤織第2片花樣織片。

第3片

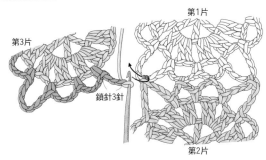

3 鉤好拼接位置前的3針鎖針，織線拉至鉤針前方，在接合
第1、2片的引拔針針腳挑兩條線，穿入鉤針。

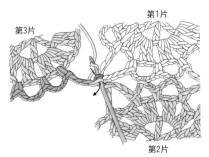

4 鉤針掛線引拔。

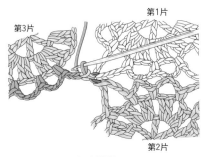

5 接合第3片轉角的模樣。

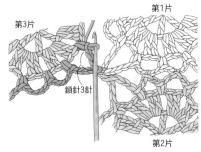

6 繼續鉤織3針鎖針，接著回到第3片織片
鉤織短針，再與第1片花樣織片接合。

第4片

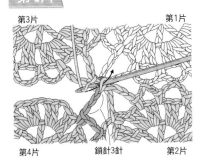

7 鉤好拼接位置前的3針鎖針，同步驟3，
挑第2片引拔針針腳的2條線，掛線引拔。

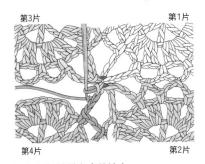

8 完成第4片轉角處的接合。

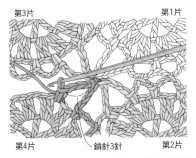

9 繼續鉤織3針鎖針，接著回到第4片織片
鉤織短針。再與第3片花樣織片接合。

以短針接合

與引拔針接合的方法相同，
在鉤織第2片花樣織片
最後邊緣的鎖針線圈中途接合。

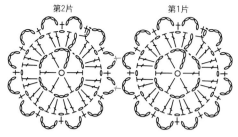

第2片　第1片

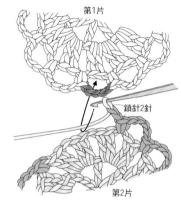

第1片

第2片

鎖針2針

1 鉤完拼接位置前的鎖針2針，鉤針由織片背面穿入第1片花樣織片的鎖針線圈。

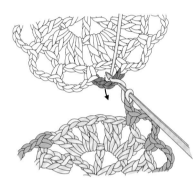

2 鉤針掛線鉤出。

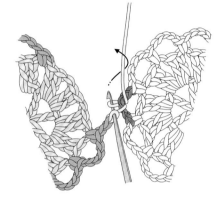

3 繼續如圖示旋轉鉤針。

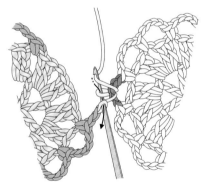

4 針尖掛線引拔，鉤織短針。

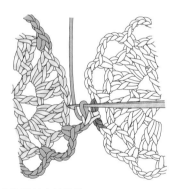

5 以短針接合的模樣。

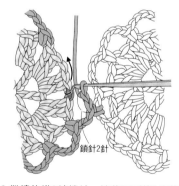

鎖針2針

6 繼續鉤織2針鎖針，接著回到第2片花樣織片鉤織短針。

鎖針2針

7 繼續鉤織鎖針2針，接著以步驟1～4相同要領，鉤針由織片背面穿入，挑束鉤織短針。

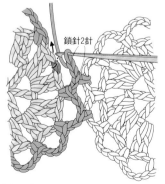

鎖針2針

8 接合兩處的模樣。繼續鉤織鎖針2針，接著回到第2片花樣織片鉤織短針。

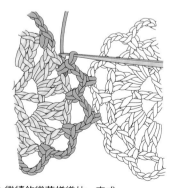

9 繼續鉤織花樣織片，完成。

以短針接合四片

拼接四片時，與引拔針接合的方法相同，
必須留意轉角處的接合方法。
重點是第3、4片的織片並非接在第1片上，
而是與第2片接合。

第4片　第3片

第2片　第1片

第2片

1 鉤織第2片花樣織片的最後邊緣，在第1
片的鎖針上挑束，鉤織短針接合（參考
P.128）。

2 以短針接合一邊的模樣。繼續鉤織第2片
花樣織片。

第3片

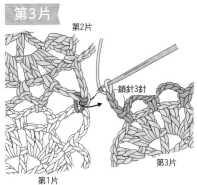

第2片

鎖針3針

第1片　　第3片

3 鉤好拼接位置前的3針鎖針，由織片背面
穿入鉤針，挑接合第1、2片的短針針腳兩
條線。

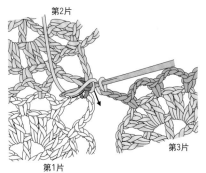

第2片

第1片　　第3片

4 鉤針掛線鉤出。

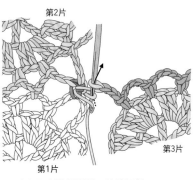

第2片

第1片　　第3片

5 針尖再次掛線引拔，鉤織短針。

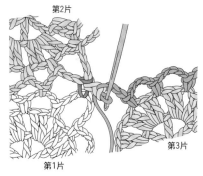

第2片

第1片　　第3片

6 接合第3片轉角的模樣。繼續鉤織並接合
第3與第1片花樣織片。

第4片

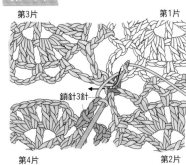

第3片　　　　　　　　第1片

鎖針3針

第4片　　　　　　　第2片

7 鉤完接合位置前的3針鎖針後，同步驟
3，由織片背面挑第2片短針針腳的2條線，
鉤針掛線鉤出。

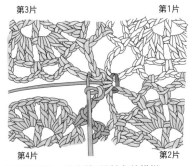

第3片　　　　　　　　第1片

第4片　　　　　　　第2片

8 鉤織短針，接合第4片轉角的模樣。

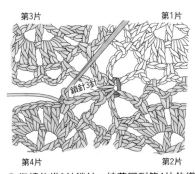

第3片　　　　　　　　第1片

鎖針3針

第4片　　　　　　　第2片

9 繼續鉤織3針鎖針，接著回到第4片鉤織
短針，再與第3片花樣織片接合。

以長針接合

適合使用於織入大量長針的花樣織片，
可完成紮實的拼接。
拼接第1片時要先抽離鉤針，
從第1片織片鉤出針目接合，
再經由第1片的長針針頭挑針，進行鉤織。

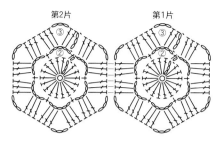

第2片　第1片

第2片

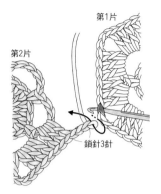

第1片

鎖針3針

1 鉤完拼接位置前的3針鎖針後，暫時抽離鉤針，挑第1片長針旁的鎖針2條線穿入鉤針，再穿回先前離開的第2片針目。

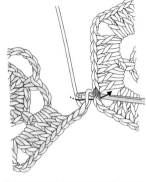

2 將第2片的針目從第1片的鎖針鉤出。

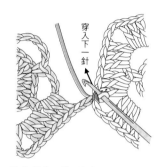

穿入下一針

3 鉤針穿入第1片的下一個長針針頭2條線。

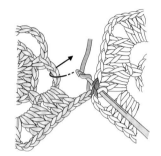

4 鉤針掛線，在第2片花樣織片上挑束。

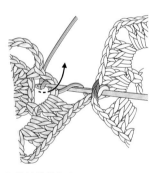

5 鉤針掛線鉤出。

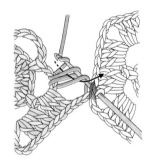

6 針尖掛線引拔前2個線圈。

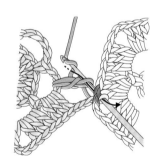

7 針尖再次掛線，一起引拔2線圈與穿過第1片花樣織片的針目，鉤織長針。

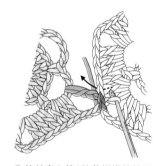

8 鉤針穿入第1片花樣織片的下一個長針針頭。

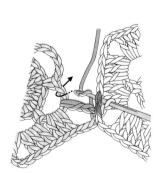

9 在第2片挑束鉤織長針。

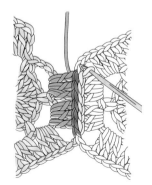

10 以相同要領一邊鉤織長針一邊接合織片。

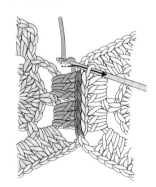

11 繼續鉤織3針鎖針，接著回到第2片。

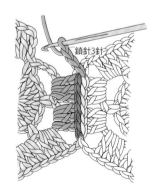

鎖針3針

12 繼續鉤織花樣織片，完成。

綴縫‧併縫

拼接兩織片時，基本上段與段的接合稱為「綴縫」，
而針目與針目的接合則稱為「併縫」。
無論是「綴縫」還是「併縫」，挑針的針目間隔都必須相對對齊，
並且要注意避免針目太緊或太鬆。

引拔綴縫

因為織片兩端各有半針完全消失，
所以縫邊看起來很細。
綴縫邊多少有點參差不齊，
但是可以簡單迅速地完成接合。

正面的模樣

 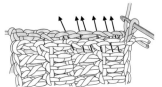 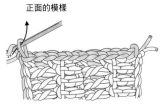

1 兩織片正面相對疊合，鉤針穿入織片邊端相對的鎖針起針針目，鉤出織線。

2 鉤針掛線引拔。

3 接下來是分開邊端針目穿入鉤針，鉤織引拔針接合。

4 保持均勻平整進行接合，配合針目高度調整引拔針數，綴縫結束時再次掛線引拔，收針束緊針目。

引拔針的鎖針綴縫

容易找到綴縫位置的簡單接合方法。

正面的模樣

1 兩織片正面相對疊合，鉤針穿入織片邊端相對的鎖針起針針目，鉤出織線。

2 鉤針掛線引拔。

3 配合下一針目針頭的長度，鉤織鎖針。

4 鉤針穿入織片邊端針目的針頭，鉤織引拔針。

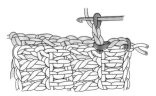 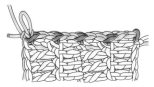

5 重複步驟3、4進行綴縫。

6 綴縫結束時再次掛線引拔，收針束緊針目。

以細針進行「綴縫」

「綴縫」必須分開針目挑針，建議鉤織時選用比本體小一號的鉤針製作。

短針的鎖針綴縫

將P.131「引拔針的鎖針綴縫」的引拔針
換成鉤織短針即可。
完成的綴縫位置比較厚。

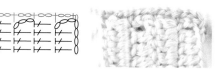

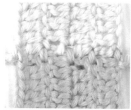

正面的模樣

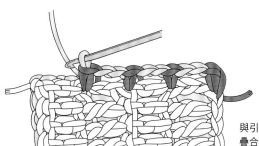

與引拔針的鎖針綴縫相同，織片正面相對
疊合，挑針頭鉤織短針。

挑針綴縫

以毛線針進行綴縫。
適合針目密實織片的接合。
針目平整且縫邊較薄。

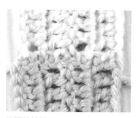

正面的模樣

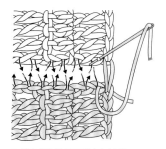

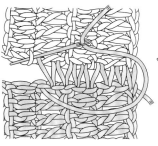

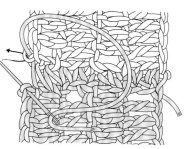

1 將兩織片正面對齊併攏，毛
線針分開織片邊端針目穿入。

2 如圖示交互在織片挑2條線，
進行綴縫。

3 最後如箭頭指示穿入縫針。

＊實際綴縫織片時，
每挑縫相對的一針，
就要拉緊直到看不見
綴縫線。

捲針綴縫（捲針縫）

以毛線針進行，又稱「捲針縫綴縫」。
接合處十分紮實，但縫邊也相對顯眼。

正面的模樣

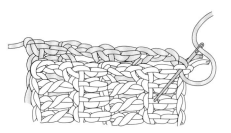

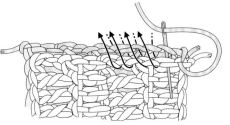

1 兩織片正面相對疊合，毛線針如圖示穿
入織片的鎖針起針針目。

2 縫針始終從同一個方向穿入，分開兩織
片的邊端針目，一段長針分別挑縫2～3次，
以綴縫線捲繞固定般進行捲針縫。

3 綴縫終點，毛線針在相同位置穿入1～2
次，確實固定後，將縫針穿向織片背面藏
線。

引拔併縫

簡單又能迅速完成的接合方法。
因為重疊了引拔針目，併縫處稍具厚度。

正面的模樣

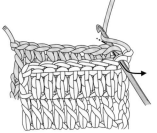 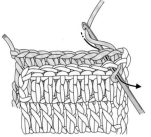 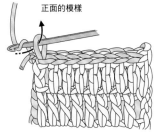

1 兩織片正面相對疊合，鉤針穿入最終段相對針目的針頭2條線。

2 鉤針掛線鉤出（最好以其中一側收針處的織線進行併縫）。

3 分別引拔相對的每一針。

4 併縫終點，鉤針再次掛線引拔，收針束緊針目。

挑針併縫

以毛線針進行接合。
併縫處不顯眼，針目平整且縫邊較薄。

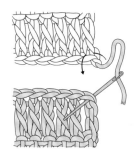 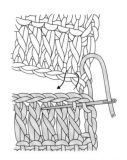 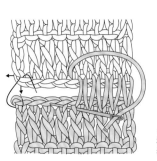

正面的模樣

1 將兩織片正面對齊併攏，毛線針穿入長針針頭的內側（最好以其中一側收針處的織線進行併縫）。

2 併縫方式是，挑縫上方織片1針，與挑縫下方織片半針與下一個半針。

3 交互挑縫繼續進行。

＊實際併縫織片時，每挑縫相對的一針，就要拉緊直到看不見併縫線。

捲針併縫（捲針縫）

以毛線針進行，又稱「捲針縫併縫」。
因為接合了全部的針目，可作出十分牢固的作品。

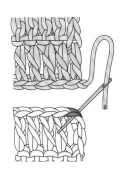 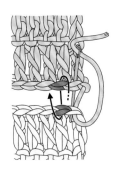 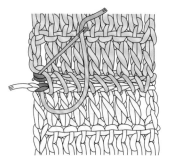

正面的模樣

1 兩織片正面對齊併攏，毛線針分別挑縫最終段針頭的2條線（最好以其中一側收針處的織線進行併縫）。

＊亦有挑縫針頭半針（1條線）的作法。

2 分別挑縫相對的每一針，毛線針始終從相同方向穿入。因為會清楚地看到併縫線，所以要注意盡量以相同的力道拉出整齊縫線。

3 併縫終點，毛線針在相同位置穿入2～3次，確實固定後，縫針再穿向織片背面藏線。

成品裝飾

介紹常用於裝飾的毛球與流蘇。

毛球作法

加在帽子頂端或圍巾尾端，活用度超高的毛球。
雖然使用專門工具就能迅速完成漂亮的毛球，但只要手邊有厚紙板也能輕鬆製作。

1 準備毛球直徑＋2cm長的厚紙板，中央剪一道切口後，穿入別線（建議使用材質堅韌不易斷裂的線材）。

2 在厚紙板上捲繞毛球線材。

3 依指定圈數捲繞。

4 以先前穿入中央的別線綁住毛球中心。

5 用力拉緊，儘量綁緊中心再確實打結固定。

6 取出厚紙。

7 取出厚紙後的狀態。

8 剪開兩側的線圈。

9 剪開後的狀態。

10 修剪多餘線長，調整形狀。

11 完成毛球。將綁在中心的線段，固定在織片上即可。

流蘇作法

通常裝飾於圍巾邊端等處。
使用完成長度2倍＋打結部分長度的線段，依此原則剪好必要數量的毛線。

1 鉤針由背面穿入流蘇固定位置。

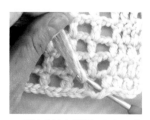

2 將流蘇線段對摺，如圖示穿過繫綁處。

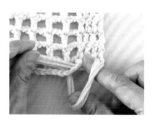

3 將流蘇線頭穿過對摺處形成的線圈。

4 下拉流蘇收緊線圈。繫好所有流蘇後，將尾端修剪整齊。

釦眼＆釦袢

大致分為一邊鉤織一邊製作，與完成織片再以毛線針縫製兩種方法。
釦眼與釦袢完成尺寸約為鈕釦直徑的80%。
（因為織片擁有伸縮彈性，若洞孔與鈕釦大小相同，釦合後容易鬆脫。）

短針的釦眼

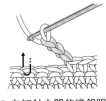
1 在短針之間鉤織釦眼長度的鎖針。

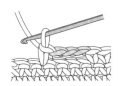
2 跳過與鎖針數相同的前段針目，繼續挑針鉤織短針。

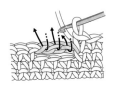
3 鉤織下一段時，挑鎖針裡山鉤織短針（亦可挑束鉤織）。

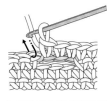
4 鎖針下方形成釦眼的模樣。

引拔針的釦袢

1 鉤織短針至釦袢左端為止。鉤織鎖針後，暫時抽出鉤針，將鉤針穿入短針針頭，鉤出針目。

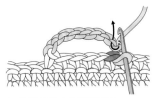
2 挑鎖針裡山鉤織引拔針。

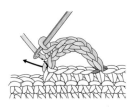
3 所有的鎖針都挑裡山鉤織引拔針，接續鉤織短針。

短針的釦袢

1 鉤織短針至釦袢左端為止。接著鉤織鎖針後，暫時抽出鉤針，將鉤針穿入短針針頭，鉤出針目。

2 在鎖針形成的繩圈上挑束鉤織短針。

3 線圈的鉤織終點是挑短針針頭半針與針腳的1條線，掛線引拔。

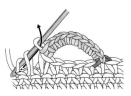
4 繼續鉤織短針。

釦眼繡的釦袢

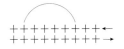

1 鉤織完成後，取別線穿入毛線針，如圖示接縫於織片上。

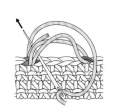
2 跨線兩次作為芯線，調整線圈大小進行釦眼繡（毛邊繡）。

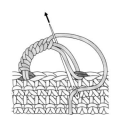
3 以毛邊繡的方式填滿繡縫線段，直到完全包覆芯線為止。

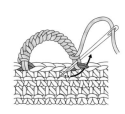
4 最後，縫針依箭頭指示穿入拉緊，再穿向背面藏線。

線繩織法

鎖針也能織成線繩使用，除此之外還有其他可以鉤織而成的線繩。
無論是袋物的抽繩或波蕾若短外套的裝飾綁帶等，具有多種便利用途。

引拔針的線繩（雙重鎖針）

鉤織較長的鎖針後，逆向挑鎖針的裡山鉤織引拔針。宛如並排鉤織的鎖針，因此又稱雙重鎖針。
多餘的鎖針可以拆開（→P.97），不妨鉤織得稍微長一些比較方便。
雖然作法簡單，但是在鎖針裡山挑針卻有點辛苦。

1 鉤織鎖針，為了作出折返角跳過1針鎖針，鉤針穿入下一針的裡山，掛線引拔。

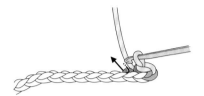

2 下一針也是在鎖針裡山挑針。

3 鉤針掛線引拔。

4 重複步驟 2、3，繼續鉤織。

繩編

在鉤針上加掛織線鉤織鎖針的織法。可簡單作出具有分量的線繩，
牢記織法應用起來更方便。成品與引拔針的線繩十分相似。

1 線頭端預留約完成長度 3 倍的織線，起針鉤織鎖針的邊端針目。將線頭由內往外掛在鉤針上。

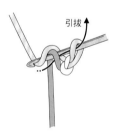

2 針尖掛線，連同掛在針上的線頭一起引拔（鎖針）。

3 完成1針的模樣。下一針同樣將線頭由內往外掛在鉤針上。

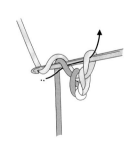

4 一起引拔鉤織鎖針。

5 重複步驟 3、4繼續鉤織，結束鉤織時引拔鎖針。

雙重鎖針 以類似 2 個鎖針並排的鉤織方式，
完成牢固的線繩。

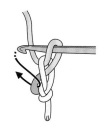

1 鉤1針鎖針，鉤針穿入這針鎖針的裡山。

2 掛線鉤出。

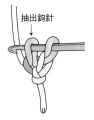

3 鉤針暫時抽出步驟 2 完成的針目。

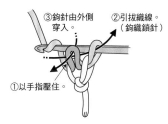

4 以手指壓住以免針目鬆開，鉤織1針鎖針後，鉤針從外側穿回先前離開的針目。

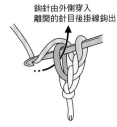

5 掛線鉤出織線。

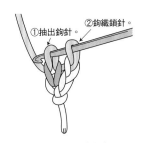

6 引拔後的模樣。重複步驟3～5繼續鉤織。

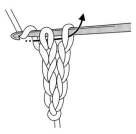

7 鉤織必要長度後，最後一起引拔留在針上的2個針目。

蝦編 針目形狀酷似蝦節。
可以鉤織出具有寬度的線繩，雖然看起來細緻，其實只是往左轉動並鉤織短針而已。

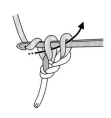

1 鉤織2針鎖針，鉤針穿入第1針的半針與裡山。

2 鉤出織線，針尖掛線後引拔2個線圈（鉤織短針）。

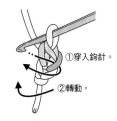

3 鉤針穿入步驟1的第2針鎖針半針後，往左轉動織片。

4 鉤針掛線鉤出。

5 針尖掛線引拔2個線圈（鉤織短針）。

6 依箭頭指示穿入鉤針，挑2個線圈。

7 維持穿入鉤針的樣子，直接將織片向左轉動。

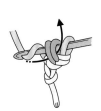

8 鉤針掛線鉤出。

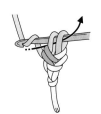

9 針尖掛線後引拔2個線圈（鉤織短針）。

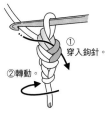

10 重複步驟6～9，一邊往左轉動織片一邊鉤織短針。結束時直接引拔短針。

成品修飾

完成鉤織後的收針藏線（→P.26），就來進行最後的成品修飾吧！

整燙

鉤織完成後，即使織片扭曲不平也沒關係！
以蒸氣熨斗整理就能使織片煥然一新。
熨斗的溫度請先確認線材標籤（→P.14），
配合材質進行調整設定。

左為整燙前，右為整燙後。

將織片翻面，希望成品符合尺寸時，就以珠針固定。為了避免擠壓破壞針目，要讓熨斗略為浮在織片上方，以蒸汽整燙即可。整燙後需靜置，直到蒸氣完全散逸定型為止。

縫釦方法

配合釦眼位置，使用較細的毛線針穿入鈕釦孔進行縫合。
織片與鈕釦之間需配合織片厚度，預留空間製作釦腳。
縫線使用與織片相同的線材（共線），織線較粗時拆開（分股）使用即可，
即使是珍珠鈕釦之類表面沒有孔洞的鈕釦，縫法也一樣。

一般鈕釦縫法

 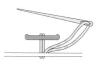  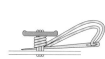

1 縫線穿針，對摺後線頭打結，以雙線縫製。縫針從鈕釦背面穿入，再穿回打結後形成的線圈。

2 將鈕釦接縫於織片上，配合織片厚度決定釦腳長度。

3 縫線在釦腳纏繞數圈。

4 縫針如圖示穿過釦腳。

5 縫針穿至織片背面。

6 於織片背面處理線頭。

補強釦縫法

 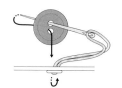 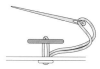 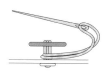

1 縫線穿針，對摺後線頭打結，以雙線縫製。縫針從補強釦背面穿入，再穿回打結後形成的線圈。

2 將補強釦接縫在織片上，縫線如圖示穿過鈕釦孔，再穿回補強釦。

3 配合織片厚度，決定釦腳長度。

4 縫線在釦腳纏繞數圈。

5 縫針如圖示穿過釦腳與補強釦孔，穿至織片背面。

6 於織片背面處理線頭。

✽ **釦式圍脖**

簡單素雅容易鉤織，
卻是花樣非常可愛的圍脖。
解開鈕釦還可當作披肩使用。
可盡情享受穿搭樂趣。

設計／pear（鈴木敏子）
線材／RICH MORE STAME（FINE）

織法… P.144

✳ **腕套 & 襪套**

相同的織法，只是改變長度，
就分別成了腕套與襪套。
廣泛組合了各種針法，
請靜下心來挑戰看看。

設計／おのゆうこ（ucono）
線材／Hamanaka Exceed Wool L《並太》

織法… P.144

✳ 長版背心

既可愛又具實用性的長版背心。
雖然是稍微大型的織品，
但是織法並不難。
不妨耐心地織看看吧！

設計／釣谷京子（buono buono）
線材／Hamanaka Alpaca Mohair Fine

織法… P.148

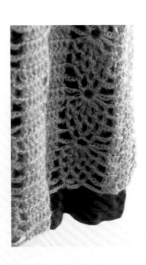

❊ 玉針貝蕾帽 & 織花別針

以圓潤飽滿的玉針，鉤織出甜美可愛的貝蕾帽，
可以根據飾品搭配營造不同氛圍。
或是在帽頂加上毛線球，或是在側邊加上織花別針。

設計／釣谷京子（buono buono）
線材／Hamanaka Sonomono Alpaca Wool《並太》

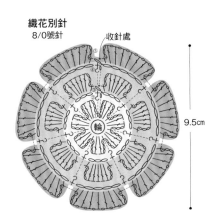

織花別針
8/0號針

收針處

9.5cm

織花配色

5段	焦茶色
4段	杏色
3段	杏色
2段	原色
1段	原色

【玉針貝蕾帽＆織花別針織法】

✕線材…Hamanaka Sonomono Alpaca Wool《並太》原色（61）85g
〔毛線球〕原色（61）17g〔織花別針〕焦茶色（63）5g、
原色（61）・杏色（62）各2g
✕針號…8/0號、6/0號鉤針
✕其他…〔毛線球〕長3cm安全別針1個
〔織花別針〕長3cm胸針別針1個
✕密度…10cm正方形花樣編＝17.5針×6.5段
✕完成尺寸…頭圍52cm

鉤織要點

輪狀起針以8/0號針鉤織花樣。從第2段至緣編的第1段，每一段都
要移動立起針位置。緣編改換6/0號針，鉤織3段短針。
〔織花別針〕輪狀起針後，依序鉤織1針鎖針的立起針、短針1針、
鎖針3針、長針2針、鎖針3針、短針1針。第2段鉤織立起針的鎖針
1針，由織片背面挑前段短針的整個針腳，鉤織裡引短針，接著鉤
鎖針3針、裡引短針。第3段鉤織立起針的鎖針1針，在前段的鎖針
挑束鉤織短針1針、鎖針3針、長針5針、鎖針3針。第4段同第2段
要領，鉤織5針鎖針。第5段鉤織要領同第3段，增加織入的長針針
數。鉤織別針底座，輪狀起針鉤織5段短針。

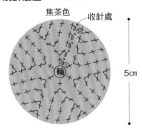

別針底座 8/0號針

焦茶色

收針處

5cm

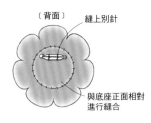

別針組合方法

〔背面〕

縫上別針

與底座正面相對
進行縫合

毛線球
原色

10cm

毛線球作法

厚紙

毛線球直徑 +2cm

捲繞145次

❶

❷ 剪開 綁緊

❸ 修剪整齊

穿過安全別針尾端，
確實綁緊。

帽子
原色

21.5cm
（14段）

（花樣編）
8/0號針

82cm（144針）

整體（－72針）
6/0號針

52cm（挑72針）（短針）1.5cm（3段）

各段針數

9～14段	144針	
8段	144針	（＋12針）
7段	132針	（＋36針）
6段	96針	（＋12針）
5段	84針	（＋36針）
4段	48針	（＋6針）
3段	42針	（＋12針）
2段	30針	（＋12針）
1段	18針	

○ 鎖針（→P.18）
● 引拔針（→P.25）
十 短針（→P.20）
3中長針的玉針
（→P.69）
裡引短針（→P.90）
2短針加針（→P.53）

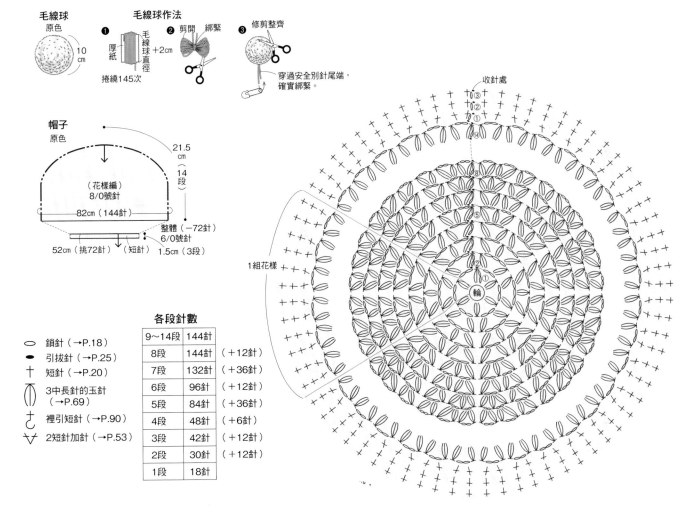

收針處

1組花樣

【鈕式圍脖織法】 Photo…P.139

× 線材…RICH MORE STAME〈FINE〉紅色（308）180g
× 針號…6/0號鈎針
× 其他…直徑18mm鈕釦7顆
× 密度…10cm正方形花樣編＝21針×10段
× 完成尺寸…寬33.5cm・長115cm

鈎織要點

鎖針起針71針，第1段挑鎖針半針與裡山鈎織。第2段起，在前段挑束鈎織，邊端的長針則是挑前段立起針第3針的半針與裡山。鈎織115段花樣編後，縫上鈕釦即完成。

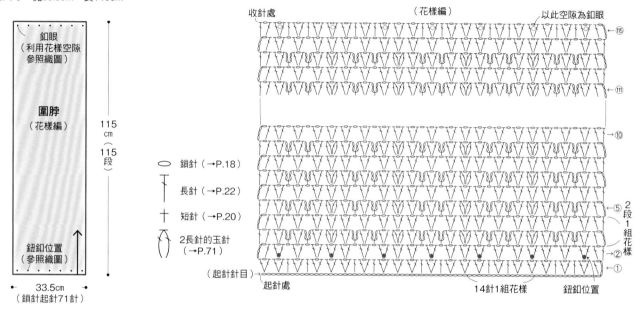

收針處　（花樣編）　以此空隙為釦眼

釦眼
（利用花樣空隙
參照織圖）

圍脖
（花樣編）

115 cm
（115 段）

鈕釦位置
（參照織圖）

33.5cm
（鎖針起針71針）

○＝鎖針（→P.18）
↑＝長針（→P.22）
十＝短針（→P.20）
＝2長針的玉針（→P.71）

（起針針目）
起針處　14針1組花樣　鈕釦位置
2段1組花樣

【腕套＆襪套織法】 Photo…P.140

× 線材…Hamanaka Exceed Wool L《並太》
〔腕套〕黃色（316）60g 〔襪套〕灰色（327）190g
× 針號…5/0號鈎針 × 密度…10cm正方形花樣編＝20針×9段
× 完成尺寸…〔腕套〕手掌圍20cm・長16.5cm
〔襪套〕腳圍30cm・長33cm

鈎織要點

鈎織鎖針的輪狀起針，挑鎖針半針與裡山進行花樣編。〔腕套〕鈎織8段，〔襪套〕鈎織23段後，鈎織2段緣編A。在起針針目的另一側挑半針，鈎織6段緣編B。

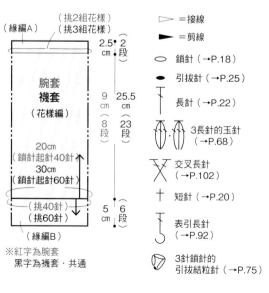

（緣編A）
（挑2組花樣）（挑3組花樣）

腕套
襪套
（花樣編）

2.5 2
cm 段
9 25.5
cm cm
（8 （23
段）段）

20cm
（鎖針起針40針）
30cm
（鎖針起針60針）

（挑40針）
（挑60針）

5 6
cm 段

（緣編B）

※紅字為腕套
黑字為襪套・共通

▷＝接線
▶＝剪線
○＝鎖針（→P.18）
●＝引拔針（→P.25）
↑＝長針（→P.22）
＝3長針的玉針（→P.68）
✕＝交叉長針（→P.102）
十＝短針（→P.20）
＝表引長針（→P.92）
＝3針鎖針的引拔結粒針（→P.75）

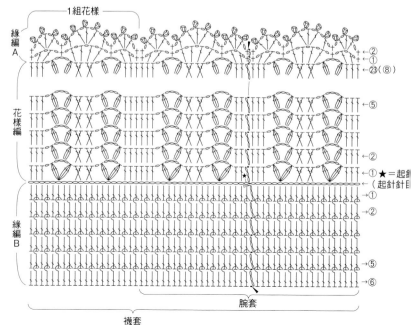

1組花樣

緣編A
花樣編
緣編B

★＝起針
（起針目）

腕套
襪套

【串珠鉤織口金包＆串珠球項鍊織法】 Photo…P.113

✕線材…〔口金包〕Olympus Emmy Grande〈Bijou〉水藍色（L201）15g

〔項鍊〕Emmy Grande〈Harbs〉象牙白（732）8g・橘色（171）2g

✕其他…〔口金包〕9cm有孔口金（銀色）1個・大串珠（銀色）1716顆・項鍊釦環1個・C圈（小）1個・鍊子3.5cm 〔項鍊〕大圓串珠（橘色）88顆・（金色）48顆・小圓串珠（象牙白）450顆

✕針號…2/0號鉤針　　✕完成尺寸…參照圖示

鉤織要點

口金包…織線穿入串珠後開始鉤織。輪狀起針，第1段織入6針短針。第2段起，一邊織入串珠，一邊鉤織短針筋編，最終段不織入串珠。以串珠所在的背面為正面，進行半回針縫固定於口金上。

項鍊…串珠球，象牙白織線穿入90顆象牙白串珠，輪狀起針開始鉤織，以相同方式鉤織5顆。串珠鍊，橘色線依序穿上22顆橘色、24顆金色、44顆橘色、24顆金色、22顆橘色串珠後，鉤織90針鎖針，接著是織入串珠的鎖針。鉤至邊端後，回頭挑鎖針的半針與裡山鉤織引拔針，同樣在中間段進行織入串珠的鎖針。最後將串珠球縫在串珠鍊上。

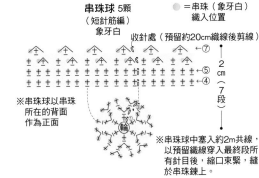

串珠球 5顆（短針筋編）象牙白

●=串珠（象牙白）織入位置

收針處（預留約20cm織線後剪線）⑦

2cm（7段）⑤④

※串珠球以串珠所在的背面作為正面

※串珠球中塞入約2m共線，以預留織線穿入最終段所有針目後，縮口束緊，縫於串珠鍊上。

各段針數

段	針數	
7段	6針	（−6針）
6段	12針	（−6針）
5段	18針	
4段	18針	
3段	18針	（+6針）
2段	12針	（+6針）
1段	6針	

○ 鎖針（→P.18）
● 引拔針（→P.25）
十 短針（→P.20）
±̄ 短針筋編（→P.88）
∨ 2短針筋編加針（→P.53、88）
⋏ 2短針筋編併針（→P.62、88）

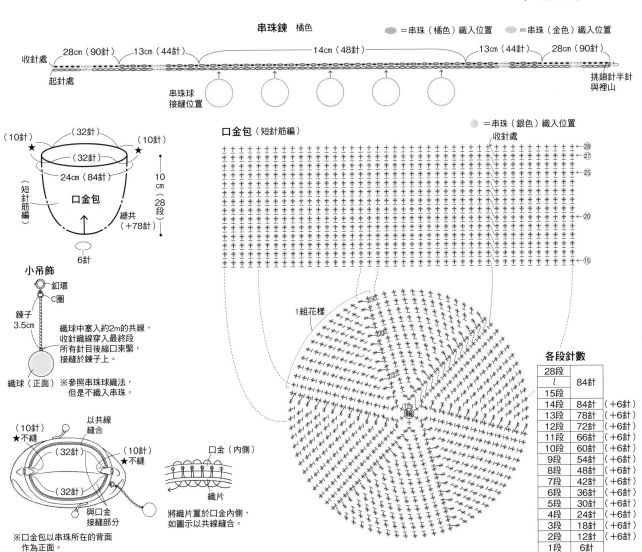

串珠鍊 橘色

●=串珠（橘色）織入位置　●=串珠（金色）織入位置

28cm（90針）　13cm（44針）　14cm（48針）　13cm（44針）　28cm（90針）

收針處　起針處　串珠球接縫位置　挑鎖針半針與裡山

口金包（短針筋編）

●=串珠（銀色）織入位置

收針處 ←28 ←27 ←25 ←20 ←15

1組花樣　輪

口金包（短針筋編）

（10針）（32針）（10針）
（32針）
24cm（84針）
口金包
總共（+78針）
6針
10cm（28段）

小吊飾

釦環
C圈
鍊子3.5cm

織球中塞入約2m的共線，收針織線穿入最終段所有針目後縮口束緊，接縫於鍊子上。

織球（正面）※參照串珠球織法，但是不織入串珠。

（10針）以共線縫合
★不縫
（32針）
（10針）★不縫
（32針）
與口金接縫部分

口金（內側）
織片
將織片置於口金內側，如圖示以共線縫合。

※口金包以串珠所在的背面作為正面。

各段針數

段	針數	
28段		
～	84針	
15段		
14段	84針	（+6針）
13段	78針	（+6針）
12段	72針	（+6針）
11段	66針	（+6針）
10段	60針	（+6針）
9段	54針	（+6針）
8段	48針	（+6針）
7段	42針	（+6針）
6段	36針	（+6針）
5段	30針	（+6針）
4段	24針	（+6針）
3段	18針	（+6針）
2段	12針	（+6針）
1段	6針	

【花樣織片拼接的膝上毯織法】 Photo…P.115

× 線材…RICH MORE STAME（FINE）淺褐色（308）140g·
藍色（312）·綠色（310）·芥末黃（309）·磚紅色（324）各30g
× 針號…6/0號鉤針
× 花樣織片尺寸…7.5cm×7.5cm
× 完成尺寸…68.5cm×46cm

鉤織要點

輪狀起針開始鉤織花樣織片，每一段皆換不同色線鉤織（在織段鉤織
終點的最後引拔時改換色線）。依配色換線，鉤織54片花樣織片，完
成後以淺褐色線進行半針目的捲針縫接合。最後再以淺褐色線沿四周
鉤織緣編。

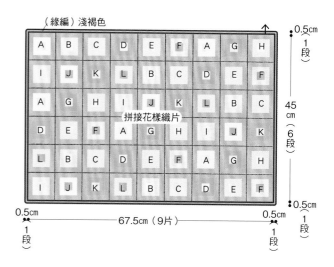

花樣織片配色

	A（5片）	B（5片）	C（5片）	D（5片）	E（5片）	F（5片）	G（4片）	H（4片）	I（4片）	J（4片）	K（4片）	L（4片）
第3段	淺褐色	淺褐色	淺褐色	淺褐色	淺褐色	淺褐色	淺褐色	淺褐色	淺褐色	淺褐色	淺褐色	淺褐色
第2段	藍色	芥末黃	藍色	磚紅色	綠色	芥末黃	磚紅色	綠色	芥末黃	藍色	磚紅色	綠色
第1段	芥末黃	藍色	綠色	藍色	芥末黃	磚紅色	綠色	藍色	綠色	磚紅色	芥末黃	磚紅色

花樣織片的拼接·緣編

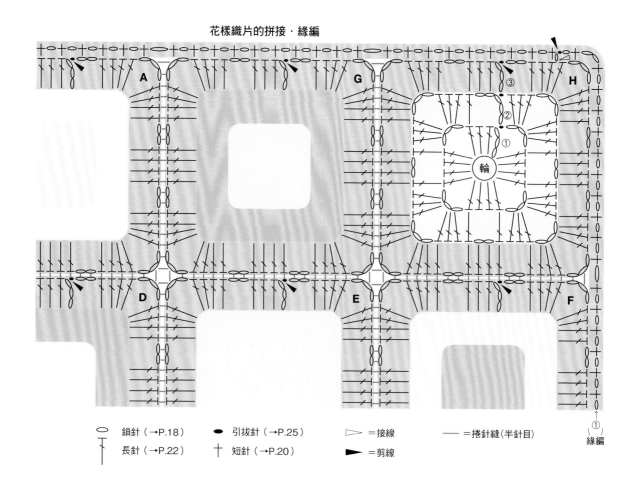

- ◯ 鎖針（→P.18）
- ● 引拔針（→P.25）
- ▷ =接線
- ── =捲針縫（半針目）
- 𝆑 長針（→P.22）
- 十 短針（→P.20）
- ► =剪線

【織入圖案的手提包織法】 Photo…P.114

✂線材…PUPPY British Eroika 杏色（143）170g・紅色（116）35g

✂針號…7/0號鉤針

✂其他…直徑3.5mm 長33cm的塑膠管2條

✂密度…10cm正方形短針筋編＝20針×18段

✂完成尺寸…寬25cm・高26.5cm（不含提把）

鉤織要點

從袋底開始鉤織，鎖針起針33針，沿兩側挑針進行輪編，鉤織短針筋編。為了讓袋底更加堅固耐用，並且擁有與袋身相同的厚度，要另取杏色線包裹鉤織。袋身以短針筋編鉤織24段織入圖案，再包裹杏色線鉤織23段（參照P.119、P.120）。

提把為鎖針起針6針，以短針鉤織76段。縱向對摺縫合中央部分，插入塑膠管後與本體接縫。

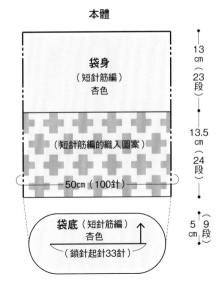

本體

袋身
（短針筋編）
杏色

13cm（23段）

（短針筋編的織入圖案）

13.5cm（24段）

50cm（100針）

袋底（短針筋編）杏色
（鎖針起針33針）

5cm（9段）

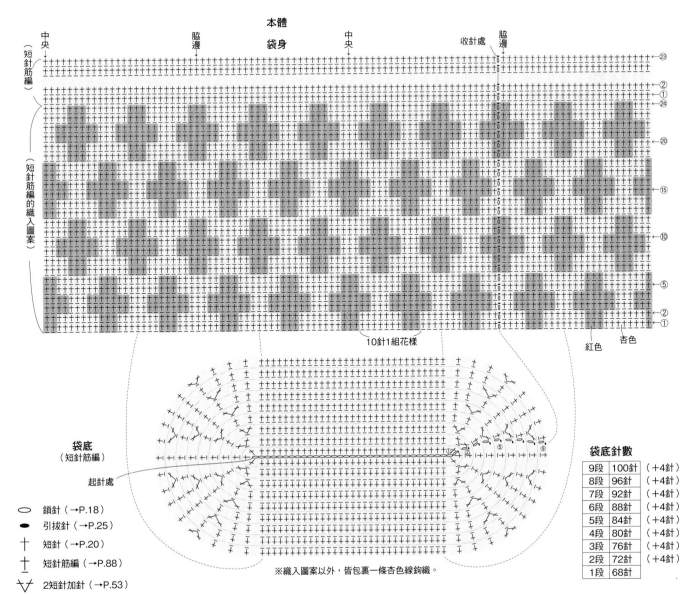

本體

中央　脇邊　袋身　中央　收針處　脇邊

（短針筋編）

（短針筋編的織入圖案）

10針1組花樣

紅色　　杏色

袋底
（短針筋編）

起針處

○ 鎖針（→P.18）

● 引拔針（→P.25）

† 短針（→P.20）

† 短針筋編（→P.88）

∨ 2短針加針（→P.53）

※織入圖案以外，皆包裹一條杏色線鉤織。

袋底針數

9段	100針	（＋4針）
8段	96針	（＋4針）
7段	92針	（＋4針）
6段	88針	（＋4針）
5段	84針	（＋4針）
4段	80針	（＋4針）
3段	76針	（＋4針）
2段	72針	（＋4針）
1段	68針	

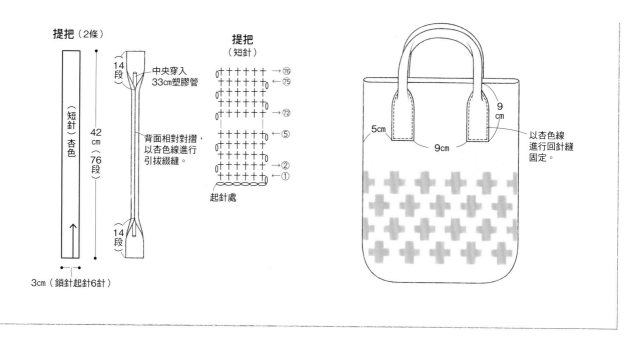

提把（2條）

（短針）杏色

42cm（76段）

3cm（鎖針起針6針）

14段

中央穿入33cm塑膠管

背面相對對摺，以杏色線進行引拔綴縫。

14段

提把（短針）

→⑦⑥
←⑦⑤
→⑦②
←⑤
→②
←①

起針處

9cm

5cm

9cm

以杏色線進行回針縫固定。

【長版背心織法】 Photo…P.141

× 線材…Hamanaka Alpaca Mohair Fine 粉紅色（11）220 g
× 針號…4/0號、5/0號、6/0號鉤針
× 密度…10cm正方形花樣編A＝26針×10段
　花樣編B＝26針×10.5段（4/0號針）
× 完成尺寸…胸圍92cm、衣長80cm

鉤織要點

鎖針起針121針，以花樣編A分別鉤織後側肩襠與前側肩襠。鉤織6段後剪線，在指定處接線，鉤織10段，再分別鉤織10段的左右肩帶。
在鎖針起針的另一側挑針，以花樣編B鉤織裙片，每18段就改換針號，一邊調整密度一邊鉤織。捲針縫接合肩線，脇邊進行鎖針的引拔綴縫，最後沿領口、袖口鉤織一圈短針。

領口・袖口
（短針）
4/0號針

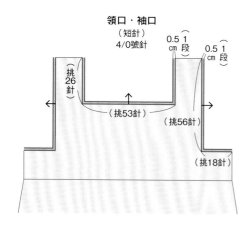

挑26針

0.5cm 1段
0.5cm 1段

（挑53針）
（挑56針）
（挑18針）

前片・後片 各1片

6cm（16針） — 20cm（53針） — 6cm（16針）

10cm（10段）

肩襠 各1片
（花樣編A）
4/0號針

7cm（18針）　　　　　　7cm（18針）

46cm（鎖針起針121針）
46cm（挑8組花樣）

裙片
（花樣編B）
調整密度

4/0號針

5/0號針

6/0號針

20cm（20段）
6cm（6段）
17cm（18段）
20cm（18段）
17cm（15段）

54cm（51段）

66.5cm

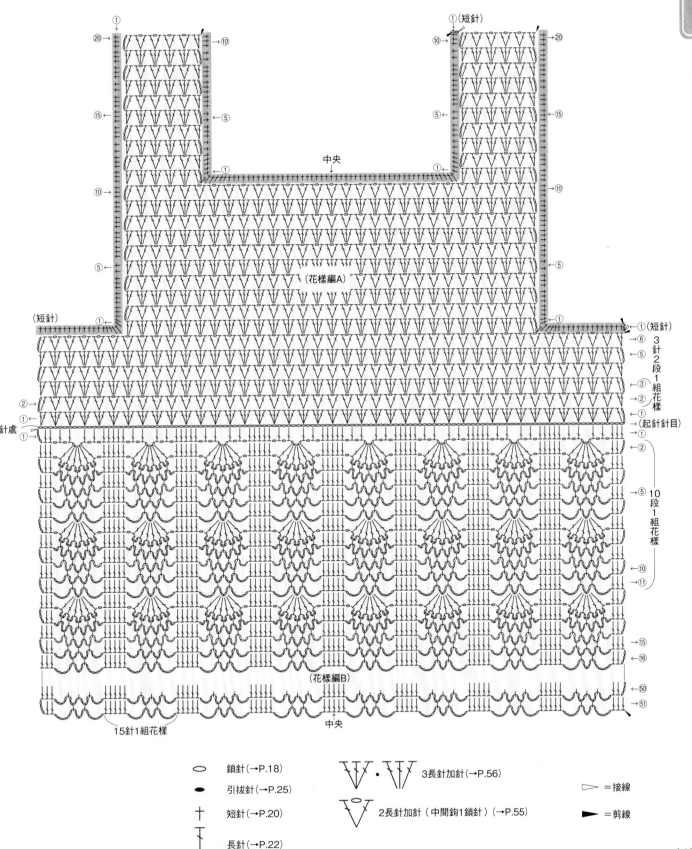

① (短針)

中央

(花樣編A)

(短針)

3針2段1組花樣

起針處

→(起針針目)

10段1組花樣

(花樣編B)

15針1組花樣

中央

◯	鎖針(→P.18)
●	引拔針(→P.25)
†	短針(→P.20)
┃	長針(→P.22)

3長針加針(→P.56)

2長針加針(中間鉤1鎖針)(→P.55)

▷ =接線

► =剪線

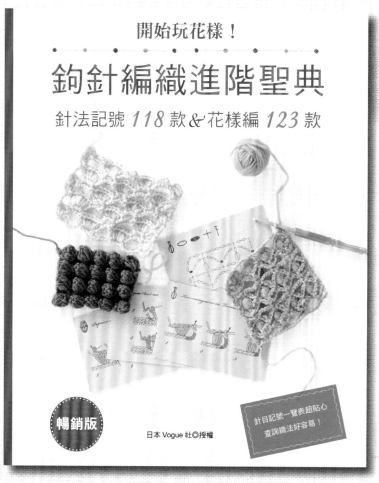

樂・鉤織 16

開始玩花樣！鉤針編織進階聖典
針法記號 118 款＆花樣編 123 款
日本 VOGUE 社◎著　定價 380 元

本書將針法由簡至繁分類後，再搭配運用這些針法排列組合而成的花樣編。一邊熟悉針法的同時，亦能練習鉤織對應的花樣編，千變萬化的花樣編也讓學習更有樂趣。圖鑑式的編排方式，將超清晰的記號織圖＆放大的花樣織片成品圖，以 1：1 的大小並排，讓讀者能輕鬆看見各種花樣的變化與特色，123 款花樣編不但是鉤織新手必備的進階教課書，也是日後揮灑創意的靈感小百科！

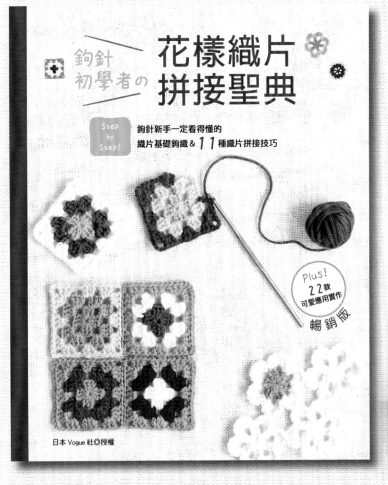

樂・鉤織 11

鉤針初學者の花樣織片拼接聖典
日本 VOGUE 社◎著　定價 380 元

花樣織片是鉤針編織裡十分簡單易學的入門技巧，短時間就能完成的小小織片，拼接起來卻又有無限可能。對於經常讓鉤織初學者慌張困惑，又難以用文字說明清楚的轉折之處，本書都以Step by Step的方式，解說各款花樣織片的編織實例，運用插圖搭配分解步驟照片的方式，讓讀者看得清楚明白。並不時提點針法變換訣竅、加減針、換線等技巧。同樣詳盡的11種織片拼接技巧，與22款可愛應用實作，讓新手能更上一層樓，運用所學完成鉤織作品！

國家圖書館出版品預行編目 (CIP) 資料

全新改訂版 初學鉤針編織最強聖典：95 款針法記號 x50
個實戰技巧 x22 枚實作練習全收錄一次解決初學鉤織的入
門難題！/ 日本 VOGUE 社編著；林麗秀譯.
-- 三版 . -- 新北市：新手作出版：悅智文化發行 , 2021.01
　面；　公分 . -- (樂鉤織；6)
ISBN 978-957-9623-49-0(平裝)

1. 編織 2. 手工藝

426.4　　　　　　　　　　　　　　　　109001246

● 樂・鉤織 06

全新改訂版 初學鉤針編織最強聖典
95 款針法記號 ×50 個實戰技巧 ×22 枚實作練習全收錄

作　　者／日本 VOGUE 社
譯　　者／林麗秀
發 行 人／詹慶和
執行編輯／蔡毓玲
編　　輯／劉蕙寧・黃璟安・陳姿伶
執行美編／陳麗娜
美術編輯／周盈汝・韓欣恬
出 版 者／ Elegant-Boutique 新手作
發 行 者／悅智文化事業有限公司

郵政劃撥帳號／ 19452608
戶　　名／悅智文化事業有限公司
地　　址／新北市板橋區板新路 206 號 3 樓
網　　址／ www.elegantbooks.com.tw
電子郵件／ elegant.books@msa.hinet.net
電　　話／ (02)8952-4078
傳　　真／ (02)8952-4084

2021 年 01 月三版一刷　定價 420 元

ICHIBAN YOKU WAKARU SHIN KAGIBARI AMI NO KISO (NV70260)
Copyright © NIHON VOGUE-SHA 2014
All rights reserved.
Photographer: Yukari Shirai, Ochiai Satomi, Martha Kawamura
Designers of the projects: Hiromi Endo, Yuko Ono, Shizukudo, Keiko Suzuki,
Kyoko Tsuritani, Aya Yumeno
Original Japanese edition published in Japan by Nihon Vogue Co., Ltd.
Traditional Chinese translation rights arranged with Nihon Vogue Co., Ltd.
through Keio Cultural Enterprise Co., Ltd.
Traditional Chinese edition copyright © 2020 by Elegant Books Cultural Enterprise
Co., Ltd.

經銷／易可數位行銷股份有限公司
地址／新北市新店區寶橋路 235 巷 6 弄 3 號 5 樓
電話／ (02)8911-0825　傳真／ (02)8911-0801